RENÉ PRIMEVÈRE LESSON

HISTOIRE NATURELLE DES OISEAUX DE PARADIS ET DES ÉPIMAQUES

Elibron Classics
www.elibron.com

Elibron Classics series.

ISBN 1-4212-5075-6 (paperback)
ISBN 1-4212-5074-8 (hardcover)

This Elibron Classics Replica Edition is an unabridged facsimile
of the edition published by Arthus Bertrand,
Paris.

HISTOIRE NATURELLE

DES

OISEAUX DE PARADIS

ET

DES ÉPIMAQUES.

PARIS. — IMPRIMERIE ET FONDERIE DE FAIN,
RUE RACINE, N°. 4, PLACE DE L'ODÉON.

HISTOIRE NATURELLE

DES

OISEAUX DE PARADIS

ET

DES ÉPIMAQUES;

OUVRAGE ORNÉ DE PLANCHES,

DESSINÉES ET GRAVÉES PAR LES MEILLEURS ARTISTES;

PAR R.-P. LESSON,

Correspondant de l'Académie des Sciences de l'Institut de France;
de l'Académie royale de Médecine; de la Société zoologique de Londres;
de l'Académie de Philadelphie, etc., etc.
Chevalier de la Légion-d'Honneur; Pharmacien en chef,
Professeur de Chimie,
et Membre du Conseil de santé au port de Rochefort, etc., etc.

PARIS.

ARTHUS BERTRAND, LIBRAIRE,

ÉDITEUR DU VOYAGE AUTOUR DU MONDE DU CAPITAINE DUPERREY,

RUE HAUTEFEUILLE, Nº. 23.

PRÉFACE.

Cette histoire naturelle des oiseaux de Paradis et des Épimaques a été entreprise à une époque où nous espérions nous livrer exclusivement à la publication de diverses monographies sur les oiseaux.

Nos premiers travaux durent embrasser quelques familles plus remarquables par leur beauté, car nous dûmes d'abord consulter le goût des bibliophiles avant de rechercher celui plus exclusif des naturalistes de profession. C'est ainsi que nous avons été engagé à publier les *Oiseaux-Mouches* et les *Colibris* (1), que les succès les plus flatteurs ont accueillis. Nous ignorons si jamais les circonstances nous permettront de mettre au jour l'histoire des *souï-Mangas*, celle des *Gallinacées*, etc., et plusieurs autres, pour lesquelles nous avons recueilli de nombreuses notes pendant notre séjour à Paris.

(1) 3 vol. grand in-8°., avec plus de 200 planches coloriées.

On ne peut se dissimuler aujourd'hui la défaveur qui accompagne, en France, les travaux descriptifs de zoologie pure. Une sorte d'indifférence étudiée et de dédain superbe sont prodigués aux hommes qui se livrent exclusivement aux plus belles branches de l'histoire naturelle, par ceux qui cependant sont chargés de les faire prospérer. Cela tient à cet ancien adage si puissant encore, *jurare in verba magistri*, et plus peut-être à cet engouement qu'éprouvent les esprits superficiels pour ces aperçus prétendus philosophiques, qui frappent de discrédit et de mépris les observations rigoureuses et les déductions logiques et simples des faits. Puis il en est advenu, de la part du gouvernement, une sorte d'apathie sinécuriale : il a protégé plutôt quelques individus que la science elle-même. Par suite, le public est devenu froid en voyant chaque jour des savans s'appropriant les dépouilles des chaires qui sont inféodées à leurs familles, en les maintenant dans un rigoureux mutisme. Il résulte de ce système qu'en moins de vingt années la France arrivera graduellement au rang de l'Espagne et du Portugal, les deux nations les plus arriérées dans les sciences naturelles ; et que, desheritée du sceptre que lui léguèrent les Buffon, les Daubenton, les Lacépède et les Cuvier, elle recevra en humble vassale les lumières de l'Angleterre et de l'Allemagne, nations qui acquièrent chaque jour une prépondérance légitime dans l'Europe savante, par la masse de leurs découvertes!

Rochefort, 10 avril 1835.

R. P. LESSON.

SYNOPSIS

DES OISEAUX DE LA FAMILLE

DES PARADISIERS

ET DE CELLE

DES ÉPIMAQUES.

---

§ I. FAMILLE DES PARADISIERS.

(*Paradisei*, Vieillot, Gal. des oiseaux.)

SYNONYMIE.

Manucodiata, Briss.

Paradisea, L., Gm., Lath., Illig., Dum., Temm., Cuv., Daudin.

Samalia, *cicinnurus*, *lophorina* et *parotia*, Vieillot, Anal. d'ornith.

Les manucodiates, Vieill., Gal. des oiseaux.

ORDRES.

Plénirostres, Dum.; *coraces*, Illig.

Passereaux conirostres, Cuv.

Manucodiates, Vieillot.

Omnivores, Temm.

Passereaux marcheurs conirostres éleuthérodactyles, Less., Traité d'Ornith.

CARACTÈRES GÉNÉRAUX.

Bec médiocre, comprimé, plus court ou de la longueur de la tête.

Plumes frontales s'avançant sur les narines, qui sont larges, couvertes d'une membrane, et qui s'ouvrent en une fente étroite sur le rebord des plumes, ou cachées par elles.

Mandibules à peu près égales, comprimées sur les côtés, à pointe de l'une et de l'autre échancrée.

Langue laciniée sur les bords et à la pointe.

Ailes dépassant à peine le croupion, légèrement arrondies, concaves, robustes.

Queue médiocre, égale ou fourchue, composée de douze rectrices, ou de dix lorsque les deux pennes moyennes s'allongent en brins dénudés.

Tarses largement scutellés en avant, terminés par trois doigts antérieurs presque égaux, un peu plus longs que le doigt du milieu.

Pouce robuste; tous les doigts armés d'ongles comprimés, très-recourbés.

Parures des mâles généralement veloutées et somptueuses.

Observations. Cette famille répond au genre que Linné caractérisait ainsi: Genre 54; *Paradisea*, *rostrum capistri plumis tomentosis tectum. Pennæ hypochondriorum longiores : rectrices duæ superiores singulares denudatæ.*

Or, dans ce genre, Linné et Gmelin placent le calybé (*phonygama*), la falcinelle et le martin (*pastor*), qui doivent en être distraist.

Habitudes, mœurs et *patrie*. Les espèces les mieux connues se nourrissent de fruits, d'insectes; se réunissent en troupes assez nombreuses, ou vivent solitaires; émigrent suivant les moussons. Ces oiseaux habitent exclusivement les vastes et profondes forêts de la Nouvelle-Guinée et le nord de la Nouvelle-Hollande. Leur cri est rauque, et leur ponte ainsi que leur nidification sont inconnues.

Ier. GENRE. — PARADISIER.

(*Paradisea*, L. et *auct.* sed *genus emendatum.*)

Synonymie.

Samalie, *samalia*, Vieill., Anal. ornith.
Paradisea, Vieill., Encycl., t. III, p. 905.
Manucodiata, Brisson et les auteurs anciens.

Caractères (consult. la pl. I). Bec robuste, dur, aussi long que la tête, légèrement voûté, à arête peu prononcée, à mandibules échancrées à leur sommet. Narines latérales, basales, à moitié recouvertes par les plumes veloutées du *capistrum*, ouvertes en avant. Langue amincie, ciliée; face encadrant le bec, veloutée, séricéeuse. Tête lisse, arrondie, sans parures. Tarses robustes, scutellés, terminés par quatre doigts. Le pouce robuste; les doigts externe et médian soudés à leur base; les ongles forts, comprimés, crochus. Ailes moyennes, pointues, à première rémige courte; les quatrième et cinquième les plus longues. Plumes des flancs allongées, filiformes, décomposées, pinnées. Queue médiocre, égale, composée de douze rectrices, dont les deux moyennes s'allongent chez les mâles en brins grêles ou tordus, et membranacés.

La femelle est sans parures des flancs et sans brins.

Les jeunes mâles sont semblables aux femelles.

Les caractères représentés dans la planche I sont pris du petit émeraude (*paradisea minor*) : fig. 1, le bec vu de profil; 2, le même au trait, montrant les contours de la fosse nasale; 3, le même vu de face; 4, les brins des flancs; 5, une des plumes hypochondriales isolée; 6, un faisceau des mêmes plumes des flancs; 7, une portion du brin de la queue; 8, une facette latérale de ce même brin, très-grossie; 9, le tarse; 10, le sternum vu de face; 11, le même vu de profil.

Observations. Les trois espèces connues de vrais paradisiers habitent les îles d'Arou, Waigiou et Nouvelle-Guinée, ou la Papuasie. Elles vivent de fruits et d'insectes, se perchent sur la cime des plus grands arbres, et font entendre un cri rauque, bref et fréquemment renouvelé. Ce sont des oiseaux qui volent en s'élevant par bonds, et en serrant leurs faisceaux de plumes hypochondriales contre le corps.

Ire. **ESPÈCE.** — LE PARADISIER PETIT ÉMERAUDE. (*Paradisea minor*, Forst., Shaw, Wagler.)

Synonymie barbare.

Toffu, à Tidor et à Ternate.

Shag, ou *shague*, ou *saffre*, chez les Papous.

Samaleik, à Céram.

Tshakke, à Serghile, dans la Nouvelle-Guinée.

Passaros da sol, des Portugais; Wormius.

Manucodiata, Gessner.

Lufft vogel, des Allemands; Gessner.

Bird of paradise, des Anglais.

Burong-maté, des Malais, à Amboine.

Mari-kei-arou, à Amboine, à Banda.

Bourong-arou, et surtout *mambéfore*, à la Nouvelle-Guinée.

Manuco-de-Wata (oiseau de Dieu) : nom que Montbelliard a contracté en manucode, et qu'il a appliqué à une autre espèce; *burong papua*, à Ternate.

Soffu ou *siaffu*, chez les Guébéens.

Avis paradisea.

Avis paradisiaca.

Avis paradisi.

Apus indica.

Avis dei.
Pavo parvus.
Pavo indicus.
Manucodiata rex.
Manucodiata longa.
Hippomanucodiata.
Hirundo ternatensis, des anciens auteurs.

A. Male adulte, pl. II.

Le *mâle* a la gorge émeraude, le ventre et le dos marron, le front vert-noir velouté, la tête et le dessus du cou jaune citrin. Deux larges faisceaux sur les flancs. Longueur, 11 pouces.

Le *jeune* : front et gorge vert émeraude ; du marron au bas du cou ; tête et cou en arrière jaune velouté ; ventre blanchâtre ; deux brins à la queue ; pas de parures aux flancs.

Le *très-jeune* : la face et le cou marron, le thorax blanc roussâtre ; pas de brins, pas de parures.

La *femelle* a la tête et le cou marron, le thorax blanc roussâtre ; pas de brins ; pas de parures.

Paradiseæ apodæ simillima, ab ea diversa : rectricibus duarum intermediarum cirris multobrevioribus, paracerci medium vix attingentibus, paracerci plumis æquo modo longis saturate aureo-flavis, versus apicem sensim dilutioribus, basi maculis longitudinalibus castaneo purpureis signatis, colli antici viredine inferius sub partito-terminata. Capite et collo suprà, *dorso toto ac uropygio* stramineo flavis, alarum tectricibus superioribus fuscis, flavido-terminatis ; collo antico infimo, pectore, cauda et toto corpore subtus magis dilutè fusco-castaneis. (Wagler, Synop. 1827.)

N'émigre point. (Valentin.)

Synonymie ancienne.

Phœnix, Bélon, Av., l. VI, p. 329.

Manucodiata, Mus. Worm., 1655, p. 294 (figuré avec ses pieds).

Manucodiata, castanea ; collo inferiore viridi aureo ; pennis laterum longissimis, decompositis ; pennis duabus ex uropygio ortis, apice rectis. Brisson, Ornith., t. II, p. 130 (pars descriptionis), pl. XIII, fig. 1.

Manucodiata Wormii, Willigb., Ornith., 55, pl. XI.

Manucodiata minoris generis, Clusius, Ex., p. 361.

Manucodiata minoris generis Clusii, Willigb., Ornith., 60.

Manucodiata tertia species, *hippomanucodiata*, Jonston, Av., p. 118, pl. LV.

Manucodiata tertia Aldrovandi, Willigb., Ornith., 56 ; Klein, Av., 63, nº. 3.

Manucodiata tertia Aldrovandi, hippomanucodiata *dicta*, Raj, Av., 21, nº. 3.

Tertia manucodiatæ species, seu *hippomanucodiata* dicta, Aldrov., Av., I, p. 811 (figuré à la page 813).

Manucodiata quinta, seu *vulgaris Aldrovandi*, Will., Orn., 57.

Manucodiata quinta, seu *vulgaris Aldrovandi* et *Gesneri*, Raj., Syn. Av., p. 21, nº. 5.

Manucodiata ultima species, Jonst., Av., p. 118.

Quinta manucodiatæ species, seu *vulgaris*, Aldrov., Av., t. I, p. 816.

Paradisi avis, vel *paradisea*, Gessn., Av., pl. à la page 20.

Paradisea minoris generis Clusii, Raj, Av., p. 22, nº. 9. (Bontius, Hist. nat. et med. Indiæ or., cap. 12, lib. V; Marcgrave, Hist. nat. Bras., p. 219.)

Synonymie douteuse.

Rhyntaces, Bélon, Ois. div., VI, p. 330, avec cette phrase : Apud Persas avicula gignitur nomine rhyntaces, in qua nihil invenitur excrementi, sed interna omnia adipe plena. Quo sit ut eam aere atque rore solùm nutriri arbitrentur.

Cinamomus avis, Aristote.

Synonymie moderne.

Paradisea apoda, L., Gm. — Var. B., *minor*. In arboribus altis nidificat : maris collo et rostro longioribus. Syst. nat., t. I, p. 400.

Paradisea apoda, Latham.—Var. *minor* seu *paradisea papuensis*, Lesser Paradise-bird, var. A. Corpore minore supra flavo ; pennis hypochondriis flavescenti-albidis, Index, esp. 1.

Paradisea minor, Forster, Zool. ind., t. I, p. 34 ; Shaw, Gen. zool., t. VII ; Vieillot, Encycl., t. III, p. 905 ; Temminck, Gen.

Paradisea papuana, Bechst. in Lath.

Paradisea smaragdina minor, Dumont, Dict. sc. nat., t. XXXVII, p. 504 ; Drapiez, Dict. cl., t. XIII, p. 46.

Le petit oiseau de paradis émeraude, Levaill., Hist. des Parad., pl. IV.

Le petit émeraude, Vieillot et Audebert, Ois. dorés, t. II, pl. II, et Dict. hist. nat., t. III, p. 113.

The smaller bird of paradise from Papua, Forrest, Itin., p. 137.

Le petit oiseau de paradis des îles des Papous, Forrest., traduct. franç., p. 156 et suiv.

Paradisea apoda, Daudin, Ornith., t. II. p. 270. — Variété : Plus petite de taille, avec les plumes hypochondriales légèrement lavées de pourpre clair et à barbes moins écartées.

Le petit oiseau de paradis de l'île des Papous, Sonnini, édit. de Buffon, t. VIII des Oiseaux, p. 360.

Paradisea minor, Less., Ornith., p. 336, et Manuel, t. I, p. 392.

L'oiseau de paradis émeraude, Cuv., Règne anim., t. I, p. 426.

(Cuvier confond les *P. major* et *minor* en une seule espèce.)

Paradisea papuana : vertice, collo suprà, dorso anteriori pallidi flavis ; gutture viridi nitente ; dorso inferiori, alis, caudâque dilutè spadiceis ; tectricibus alarum minoribus flavis ; pedibus flavescente-albis. Vieillot, Encycl., t. III, p. 906, et pl. CXLII, fig. 4.

Paradisea papuensis, Voigt, Règ. an., trad. allem., p. 615.

B. Femelle adulte, pl. III.

Fœminæ speciei apodæ an majoris simillima, exceptis capite et collo suprà, dorso, uropygio et alarum tectricibus superioribus totis flavo stramineis. (Wagler.)

Femelle, Levaillant, Parad., pl. V.

C. Jeune male, pl. IV.

Similis fœminæ, sed cauda cirris elongatis instructa.

D. Très-jeune male, pl. V. $\frac{2}{3}$.

Similiter fœminæ vestitus, sed crassissimus.

2e. ESPÈCE. — LE PARADISIER GRAND ÉMERAUDE. (*Paradisea major*, Shaw.)

Synonymie des peuples indigènes.

La même en partie que celle du petit émeraude.

Burong-arou, par les Papouas de la Nouvelle-Guinée.
Burong-de-Watta, par les naturels de Sumatra.
Fanaum, aux îles d'Arou.
Burong papua, à Ternate.

A. Male adulte, pl. VI.

Le *mâle* a la gorge émeraude ; le ventre et le dos d'un marron foncé ; le front vert-noir velouté ; la tête et le dessus du cou jaunâtres ; les faisceaux des flancs roux à la base, roussâtres au milieu, jaunâtres au sommet.

Fronte, loris et collo antico supremo nitide atro viridibus ; plumis brevissimis, densissime positis, tomentoso velutinis ; capitis plumis suprà velutino-tomentosis, colli postici ac lateralis stramineo-flavis ; collo antico infimo, pectore et toto corpore subtus, alis, cauda, dorso toto ac uropygio saturatissimè unicoloribus castaneis, pectore læte violaceo tincto ; paracerci infrà-humeralis plumis longissimis, fluitantibus, numerosissimis, pogoniis mediocribus sericeis, albidis, basin versus et plumis lateralibus flavidis, basi ipsa maculis nonnullis longitudinalibus, castaneis notatis, apicem sensim strictiorem versus ut plurimùm in rachin nudiusculam excurrentibus pallidè vinaceo-tinctis, omnibus caudam magis quam unum pedem transcendentibus ; rectricum durarum intermediarum æqualium rhachibus extrà pogonia basalia stricta in cirrum longissimum, deorsum curvatum, paracerci plumis longiorem, lateraliter subsetulosum exeuntibus. (Wagler, Synop., 1827.)

Émigre. (Valentin.)

Synonymie.

Manucodiata, Brisson, Ornith., t. II, p. 130 (*pars descriptionis*), pl. XIII, fig. 1.

Greater bird of paradise, Albin, Av., t. III, pl. IX.

Paradisea avis, majoris generis, Clusius, Exot. pl. et p. 360.

Le grand oiseau de paradis d'Arou, Forrest, It., p. 154; Edwards, Glan., pl. CX; Séba, t. I, pl. LXIII, fig. 1 et 2 (*Avis paradisiaca, aroesica*).

L'oiseau de paradis des Moluques, Daubenton, pl. enl. de Buffon, nº. 254.

L'oiseau de paradis, Gueneau de Montbelliard, Buffon, édit. de Sonnini, t. VIII, p. 341.

Paradisea apoda, L., Gm., esp. 1, Syst. nat., t. I, page 399, genus 54: P. pennis hypochondriorum corpore longioribus, rectricibus duabus intermediis, longis, setaceis.

Great bird of paradise from Aroo, Forrest, Itin., p. 135.

Paradisea castanea, collo subtùs viridi aureo, pennis hypochondriis corpore longioribus; rectricibus duabus intermediis longis, setaceis. Latham, Synops., esp. 1.

Le grand oiseau de paradis émeraude, Levaillant, Parad., t. I, p. 9, pl. I.

L'émeraude, Vieillot, Ois. dorés, pl. I.

Paradisea apoda, castanea; collo subtùs viridi-aureo; pennis hypochondriis corpore longioribus; rectricibus duabus intermediis longissimis, setaceis. Vieillot, Encycl., t. III, p. 906.

Paradisea major, Shaw, t. VII, pl. LVIII; John Stark, Elem. of nat. hist., t. I, p. 208.

Paradisea apoda, Daudin, Ornith., t. II, p. 270; Dumont de Sainte-Croix, Dict. sc. nat., t. XXXVII, p. 501; Drapiez, Dict. cl., t. XIII, p. 45; Salerne, Hist. des ois., p. 33, pl. III, fig. 2.

Paradisea major, Less., Ornith., p. 336.

Paradisea apoda, Voigt, Règ. an., trad. allem., p. 615.

A. Femelle adulte.

Paracerco nullo; cauda æquali absque cirris ac totis alis saturate castaneis; vertice, occipite, toto collo postico ac laterali flavido-fuscescentibus; fronte, mento ac gula castaneo-fuscis; corpore subtùs inferius a gula usque ad crissi finem unicolore albo. (Wagler, Synops., esp. 1; Levaill., Parad., t. I, p. 15, pl. II.)

Fœmina: Rectricibus modo 2 intermediis brevioribus; sunt hæ apice attenuatæ, nudæ, rectæ; caudam perperam dicta sunt pennæ elongatæ dorsi et hypochondriorum. (Linn.; Gm., Syst. nat., éd. 12, t. I, p. 400.)

C. Jeune male.

Fœminæ adultæ subsimilis, paracerci plumis plus minusve prodeuntibus et conspicuis, intermixtis aliis fuscis; gula castaneo-fusca plumis intermixtis atro-viridibus. (Wagler, Synop., esp. 1.)

3e. **ESPÈCE.** — LE PARADISIER ROUGE. (*Paradisea rubra*, Lacépède; Daudin, Ornith., t. II, p. 271 (1800); Vieillot.)

Male adulte, pl. VII.

Tête et gorge émeraude; manteau et devant du cou jaune orangé velouté. Thorax d'un marron soyeux; faisceau des flancs d'un rouge carmin brillant. Les deux longs brins, larges, aplatis, tordus, rouge-brun. *Habite* l'île de Waigiou. (Less., Ornith., p. 336.)

Habitu *paradiseæ apodæ*; paracerci infrà-humeralis plumis ejusdem structura, parum latioribus, apicem versus pogoniis laxis, brevioribus, unicoloribus subfuscescente-sanguineo-rubris; capite toto gulaque atro-viridi nitentibus, plumis velutino-tomentosis, brevissimis, densis, occipitis parum longioribus, subfasciculari-congestis; colli parte cætera antica et postica, occipite, dorso supremo ac alarum tectricibus superioribus stramineo-flavis; dorso infimo, uropygio, alis, cauda et corpore subtus à collo infimo usque ad crissi finem saturatè fusco-castaneis, partibus inferioribus parum dilutioribus; rhachibus duabus caudæ supernè insertis longissimis, paracerci plumas multo transcendentibus, per totam longitudinem æqualibus, flexuoso-pendentibus, angustis, inferius concavis, veluti ex elasmiæ substantia compositis, nigris. (Wagler, Synops., esp. 3.)

Synonymie.

L'oiseau de paradis rouge, Levaillant, Parad., pl. VI.

Le paradis rouge, *paradisea rubra* : Cristâ guttureque aurato-viridibus; corpore suprà flavo, subtus fusco; pennis subalaribus, rubris. Vieillot, Ois. dorés, t. II, pl. III; Nouv. Dict. d'hist. nat., t. XXX, p. 114; Encycl., t. III, p. 907; Galerie du musée de Paris, p. 152, pl. XCIX.

Paradisea sanguinea, Shaw, Gen. zool., t. VII, pl. LIX; Stark, Elem., t. I, p. 208.

L'oiseau de paradis rouge, Sonnini, éd. de Buffon, ois., t. IX, p. 17.

Paradisea rubra, Less., Ornith., t. I, p. 336, pl. XXXVII, fig. 1, et Manuel, t. I, p. 393; Dumont de Sainte-Croix, Dict. sc. nat., t. XXXVII, p. 506; Drapiez, Dict. class. d'hist. nat., t. XIII, p. 46.

L'oiseau de paradis rouge, Cuv., Règ, an., t. I, p. 427, et Voigt, trad. allem., p. 616.

B. Femelle adulte, pl. VIII.

Tête et gorge rouge de brique; derrière de l'occiput, du cou, du thorax, jaune: manteau et ventre roux; point de parures; point de brins. (Less., Zool. de la Coquille, t I, part. II, p. 660, et atlas, pl. XXVII.)

IIᵉ. GENRE. — SIFILET.

(*Parotia*, Vieillot.)

Synonymie.

Paradisier, *paradisea*, L. et auct.
Parotia, Vieill., an. Ornith., p. 35 (1816), in-8°.

Caractères (pl. IX). Bec garni de plumes courtes jusqu'au delà du milieu, grêle, comprimé latéralement, fendu, échancré et fléchi à la pointe. Plumes hypochondriales longues, larges, décomposées. (Vieill., Anal., n°. 86.)

Bec comprimé sur les côtés, droit, court, peu épais, à fosses nasales entièrement recouvertes de plumes hérissonnées, soyeuses (pl. IX, fig. A). Mandibule supérieure fléchie à l'extrémité, crochue, dentée sur les côtés; mandibule inférieure droite, mince, aiguë à la pointe. Narines complétement cachées par les plumes capistrales. Langue? Tarses nus, scutellés, médiocres, à pouce plus robuste. Ailes amples, s'étendant jusqu'au croupion, composées de deux rémiges terminées en lames de canif; la première très-courte, la deuxième presque aussi longue que la troisième (pl. IX, fig. B), celle-ci et les suivantes arrondies et obtuses à leur sommet, la sixième la plus longue de toutes. Queue arrondie, composée de douze rectrices médiocres, fermes et droites. Plumes hypochondriales lâches, allongées, flexibles, très-épaisses et décomposées (pl. IX, fig. D). Six plumes à tiges filiformes, dilatées en palette à leur sommet chez les mâles, et (pl. IX, fig. C) implantées dans la région auriculaire. Les plumes de la huppe (pl. IX, fig. F), du thorax (*ibid.*, fig. E, I, H) et du front (*ibid.*, fig. G) gemmacées.

Femelle sans plumes auriculaires et à plumage terne.

Observ. Ce genre ne comprend qu'une espèce, dont les dépouilles proviennent des îles de Waigiou et de la Nouvelle-Guinée, appartenant à la Papuasie. Ses mœurs et ses habitudes sont complétement ignorées.

4e. ESPÈCE. — LE SIFILET A GORGE DORÉE. (*Parotia sexsetacea*, Vieillot.)

A. Male, pl. X (vu par derrière) et pl. XI (vu par devant).

Noir de velours; gorge scintillante et comme écailleuse, à reflets dorés et irisés. Iris jaune et pieds noirs.

Habite la Nouvelle-Guinée.

Synonymie.

Parotia sexsetacea. Cristata, atra; vertice genisque violaceo nigris; jugulo, maculâ cervicis pectoreque viridi nitentibus; regione aurium utrinque pennis setaceis tribus longissimis. Vieill., Gal. des ois., p. 148, pl. XCVII; Oiseaux dorés, t. II, pl. VI.

Parotia sexsetacea. Capite utrinque ad latera plumarum rhachibus tribus longissimis, subsetiformibus, apice in discum parvum vexillatum excurrentibus; plumis hypochondriorum elongatis, latis, numerosis, pogoniis subtilibus, transparentibus, flexilibus, apice rotundato-truncatis, angustis, totis nigris; occipite crista transversa e plumis planis, latis, longiusculis, nigris, fascia nitidissime viridi terminatis composita obsito; sincipitis plumis breviusculis, albis; collo antico infimo macula ingente e plumarum rotundato-terminatarum, imbricatim positarum, apicibus alternatim aureo-viridi, topazino-flavo et violaceo nitentibus composita; alis, cauda et toto cætero corpore unicoloribus nigris, purpurino-nitentibus. *Mas adul.* Wagler, Syn., esp. 6.

Oiseau de paradis à gorge d'or, Sonnerat, It. à la Nouvelle-Guinée, p. 158, pl. XCVII.

Le sifilet, ou manucode à six filets, Buffon, Enl. 633; et Oiseaux, éd. de Sonnini, t. IX, p. 9, pl. LXXXV; Levaillant, Parad., pl. XII et XIII.

Paradisea aurea., L., Gm.; Cristata nigra, verticis, genarum et gulæ nitore violaceo, jugulo, pectore, maculaque cervicis viridi-aureis. Syst. nat., t. I, p. 402, esp. 7.

Gold-breasted paradise bird, Latham, Ind., t. I, p. 481.

Paradisea sexsetacea. Cristata, atra; vertice genis, gulaque violaceo-nigris; jugulo, macula cervicis pectoreque viridi nitentibus; regione aurium utrinque pennis setaceis 3-longissimis. Latham, Syn., esp. 9.

Paradisea sexsetacea, Daudin, Ornith., t. II, p. 276; Shaw, Gen. zool., t. VII, pl. LXVI; Dumont, Dict. sc. nat., t. XXXVII, p. 511; Drapiez, Dict. classique, t. XIII, p. 46; Lesson, Traité d'Ornith., t. I, p. 337; Cuvier, Règ. an., t. I, et Voigt, trad. allem., p. 617.

Paradisea sexsetacea. Cristâ nigrâ; vertice, genis gulâque nitore violaceis; jugulo, pectore maculâque cervicis viridi-aureis; rostro pedibusque nigricantibus; regione aurium utrinquè pennis setaceis, tribus longissimis. Vieill., Encycl., t. III, p. 909, pl. CXLIV, fig. 1.

Paradisea cirrhata. Capite, colloque nigris, cirrho propè cervicem capistroque flavis. Latham, Ind., sp. 1. (An *Sicrin*?)

Paradis huppé, *paradisea cirrhata*, Daudin, Ornith., t. II, p. 274

L'oiseau de paradis huppé, Sonnini, éd. de Buffon, t. IX, p. 19.

B. Jeune male, pl. XI *bis*.

Semblable à l'adulte, excepté que les plumes allongées du ventre et des flancs sont, dans leur partie moyenne, d'un fauve clair rayé transversalement de noir, ainsi que cela a lieu pour la femelle, et noires à leur sommet. Les petites plumes du ventre sont comme celles de la femelle : les longues plumes des flancs sont entièrement noires. Sur le dos on remarque des plumes nombreuses d'un roux vif. (Collect. de M. Fl. Prévost.)

C. Femelle, pl. XII.

Plumage brunâtre en dessus, fauve ondé de noir en dessous. Point de parures.

Capite, collo et alis brunnaceis; dorso, uropygioque brunneo rufis; gutture, thorace et abdomine badiis, lineis atris lineatis. Cauda mediocri, nigra, ferrugineo delineata. (Lesson, Illust. de zoolog., pl. IV.)

IIIe. GENRE. — LOPHORINE.

(*Lophorina*, Vieill.)

Synonymie.

Paradisea, L. et auct.

Caractères. Bec (pl. XIII, fig. A) comprimé sur les côtés, droit, mince, à arête convexe, étroite, garni en dessus et jusqu'au milieu de plumes allongées. La pointe de la mandibule supérieure fléchie et échancrée; l'inférieure est droite et plus courte.

Narines ovalaires vêtues de deux touffes de plumes. Tarses nus, scutellés. Le doigt du milieu soudé à l'externe, et complétement séparé de l'interne. Ailes courtes, à premiere remige large et dolabriforme ; les troisième et quatrième les plus longues de toutes. Queue médiocre, égale, formée de douze rectrices.

Les plumes de la partie inférieure de la gorge s'étendent sur le devant du cou et sur le thorax, en s'écartant sur les côtés du ventre, et simulant un ornement disposé en queue d'hirondelle. Les longues plumes des épaules s'allongent en formant un manteau largement échancré.

Observations. Ce genre ne renferme qu'une espèce, presque toujours mutilée dans les collections. Ses mœurs sont complétement ignorées On dit que *Serghile* à la Nouvelle-Guinée est l'endroit où les Papous préparent les dépouilles de cet oiseau ; toutefois, nous en avons rencontré à Offack, dans l'île de Waigiou, et à Dorey, à la Nouvelle-Guinée.

5e. ESPÈCE.—LA LOPHORINE SUPERBE. (*Lophorina superba*, Vieill., Nouv. Dict. hist. nat., t. XVIII, p. 185, et Gal., pl. XCVIII. — *Shagawa* des Papous, ou ois. de parad. de Serghile? — *Soffu-kokotou* ou ois. de parad. noir, à Tidor et à Ternate, Forster.)

Synonymie.

Oiseau de paradis à gorge violette, surnommé le superbe, Sonnerat, It. à la Nouvelle-Guinée, pl. XCVI, p. 157.

Le manucode noir de la Nouvelle-Guinée, dit le superbe, Buffon, Enl. 632, éd. de Sonnini, t. IX des Oiseaux, p. 1, pl. LXXXIV.

Le superbe, Vieill., Ois. dorés, t. II, pl. VII; Levaillant, Parad., pl. XIV et XV, p. 46.

Paradisea nigra, Forster, Ind. zool., p. 34; Shaw, Gen. zool., t. VII, pl. LXIII.

Le superbe, Cuvier, Règ. an., t. I, p. 428; et Voigt, trad. all., p. 617; Drapiez, Dict. class. d'hist. nat., t. XIII, p. 47.

L'oiseau de paradis à queue fourchue, Sonnini, éd. de Buffon, t. IX, p. 27.

Paradisier superbe, Dumont, Dict. sc. nat., t. XXXVII, p. 510.

A. Male adulte, pl. XIII (vu en dessus) et pl. XIV (vu en devant).

De la taille d'un merle. Plumage en entier d'un noir profond à reflets de velours. Un plastron vert émeraude recouvrant le thorax, et à reflets d'acier. (Less., Ornith., p. 337.)

Synonymie.

Paradisea superba, L., Gm. Subcristata viridi aurea, subtus lætè viridis : gula violacea, alis nigris, caudæ splendore cærulescente: Syst. nat., esp. 6.

Superb paradise bird, Lath.; *paradisea superba*, Lath. Fronte cristata; capite, cervice, abdomineque viridibus; gula violacea, sericea; cauda mediocri, cærulescenti atra. Lath., Ind., esp. 7.

Paradisea furcata Lath. (individu mutilé). Nigra; fasciculo subalis tomentoso; medio abdominis, pennis caudæ furcatæ instar viridisplendentibus. Magnitudo paradiseæ superbæ. Lath., Ind., esp. 8.

Paradisea superba. Fronte cristis duabus separatis, subelevatis, e plumis strictis, longiusculis compositis capitisque lateribus velutino-nigris viridi-purpurino nitentibus; verticis et colli infimi antici lateralis plumis alularum duarum distinctarum ad instar pendulis, nitidissime smaragdino - viridibus; nuchæ plumis elongatis, latis, mantelli ad instar dorsum ac uropygium tegentibus, caudæ furcatæ formam præbentibus, extimis apice extrorsum acinaci formi flexis, sequentibus rectis, apice truncatis, intermediis brevioribus, obtusis, dorso toto, uropygio, cauda tota subrotundata omnibusque cæteris corporis partibus velutino-nigris, subpurpurino relucentibus; collo antico violaceo-tincto. Wagler, Syn., esp. 5.

Lophorina superba. Fronte cristatâ; capite, cervice, abdomineque viridibus; gulâ violaceâ, alis nigris, cauda mediocre, cærulescente-atrâ, rostro pedibusque nigricantibus. Vieill., Encycl., t. III, p. 910, pl. CXLIII, fig, 4.

Lophorina superba. Fronte cristatâ, capite, cervice, abdomineque viridibus; gulâ violaceâ, sericeâ; cauda mediocri, cærulescenti-atrâ. Vieill., Gal., p. 149, pl. XCVIII.

IVe. GENRE. — MANUCODE.

(*Cicinnurus*, Vieill.; Encycl., t. III, p. 908.)

Synonymie.

Paradisea, L., Lath.
Manucodiata, Briss.

CARACTÈRES (consult. la pl. XV, g. n.).

Bec grêle, court, convexe en dessus (fig. A, B, C), légèrement comprimé sur les côtés, recouvert à la base de petites plumes sétacées abondamment fournies. Mandibule supérieure très-légèrement échancrée à sa pointe, qui est un peu fléchie; l'inférieure est plus courte que celle-ci, presque droite, et aussi un peu entaillée.

Narines entièrement recouvertes par les plumes frontales.

Langue médiocre, cartilagineuse, ciliée à la pointe.

Tarses (pl. XV, fig. D) nus, à acrotarse réticulé. Le doigt intermédiaire soudé à la base avec l'externe, et totalement séparé de l'interne. L'ongle du pouce crochu, comprimé, creusé en gouttière en dessous (fig. E).

Ailes courtes, épaisses, à première rémige très-courte; la deuxième plus courte que la sixième, mais les deuxième et troisième plus longues que toutes les autres; les secondaires presque égales.

Queue très-courte, tronquée, formée de douze rectrices carrées, dont les deux moyennes (F, G) sont très-longues, disposées en brins filiformes, sans barbes, excepté à la base, puis au sommet, où elles se recoquillent sur elles-mêmes et d'un seul côté.

Les plumes (fig. H, I) sont décomposées ; celles des flancs (fig. K) sont larges, tronquées à leur sommet, et s'allongent sur les épaules en parures.

La *femelle* est sans parures.

Observations. La seule espèce connue de ce genre vit à la Nouvelle-Guinée, d'une manière sédentaire, bien que quelques auteurs la supposent soumise à des migrations régulières suivant les moussons. Elle vit appariée par couples, se tenant dans les arbres de moyenne taille, où elle se nourrit de fruits. Les naturels des îles d'Arou en placent les dépouilles sur leurs casques dans leurs costumes de cérémonie ou de guerre. Ils n'ont jamais vu ces oiseaux nicher dans leur île, et ils disent qu'ils ne se livrent à la reproduction qu'à la Nouvelle-Guinée, leur patrie. Ils les prennent avec des lacets faits de *gummaty*, ou avec la glu qu'ils retirent du *succom* ou arbre à pain ordinaire.

6e. **ESPÈCE.** — LE MANUCODE SPINTURNIX. (*Cicinnurus spinturnix*, Less. — *Spinturnix*, oiseau incendiaire, Pline, cap. X.)

Synonymie.

Cicinnurus regius, Vieill., Encycl., t. III, p. 908.

Paradisea regia, L., Gm. et auct.

The supposed king of the greater bird of paradise, Edwards, Gl., pl. 3.

King's bird, Forrest, It., p. 161 ; Shaw, Gen. zool., t. VII, pl. LXVII.

King's paradise-bird, Lath.

Konig's vogel, des Hollandais.

Le manucode, Buff., Enl. 496, et t. III, p. 163, pl. XIII.

Le roi des oiseaux de paradis, Sonnerat, It., p. 156, pl. XCV.

Le manucode, Daudin, Ornith., t. II, p. 272, pl. XIX; Vieill., Hist. des ois. dorés (1802), pl. V ; Levaill., Parad., pl. VII, p. 26 ; Cuv., Règ. an., t. I, p. 427, et Voigt, trad. allem., p. 616.

Sop-clo-o, conducteur ou roi des oiseaux de paradis, à Amboine et à Banda. Forster.

Wowi-wowi, aux îles d'Arou. — *Saya* à Doréy.

Manucode, Dumont, Dict. sc. nat., t. XXXVII, p. 508.

Observations. Les auteurs le disent de passage à la Nouvelle-Guinée, où il arrive des îles d'Arou, de *Woodjer* particulièrement pendant la mousson d'ouest. Nous l'y croyons sédentaire.

A. Male adulte, pl. XVI (vu en dessus) et pl. XVII (vu en dessous). $\frac{3}{4}$.

Le *mâle* a le plumage rouge de rubis, une ceinture verte, le ventre gris-blanc, les deux rectrices moyennes s'allongeant en brins grêles et terminées par une palette recoquillée vert émeraude. Iris blanc; tarses bleu de ciel. (Less., Ornith., p. 339.)

Synonymie.

Paradisea regia. Parva : capite et collo totis, dorso, uropygio, alis et caudæ rectricibus supra saturate coccineis, nitore nonnullo hyalino ; striola superciliari parva velutino-nigra ; collo infimo antico fascia latiuscula nitidissime viridi terminato ; plumis utrinque pone pectoris latera 20 longiusculis, pogoniis latiusculis, æqualibus, apice truncato fascia nitidissime viridi postice albido-marginata terminatis, cinerascentibus ; rectricibus 2 intermediis longissimis, filiformibus, apice in spiram pogoniis latiusculis præditam, subtus cineream contortis ; corpore inferius a pectore usque ad crissi finem pure albo. Wagler, Synop., esp. 7.

Manucodiata minor. Paradisea cirrhis caudalibus filiformibus apice lunato-pennaceis. Brisson, Ornith., suppl., t. VI, p. 40, et t. II, p. 136, pl. XIII, fig. 2.

Le petit oiseau de paradis, *manucodiata minor.* Supernè castaneo-purpurea, infernè albida, pectore tænia, transversâ, viridi, aureâ notato ; pennis laterum longioribus ; pennis duabus ex uropygio ortis apice reflexis. Brisson, Ornith., esp. 2.

Rex avium paradisearum majoris generis. Clusius, Exot., auctarium, p. 363, et fig.

Paradisea regia. Rectricibus duabus intermediis filiformibus, apice lunulato-pennaceis. Linn., Syst. nat., ed. Gmelin, esp. 2, t. I, p. 400.

Paradisea regia. Castaneo-purpurea, subtus albida ; fascia pectorali viridi-aurea ; rectricibus 2, intermediis filiformibus, apice lunato-pennaceis. Lath., Ind., esp. 2.

Cicinnurus regius. Capite purpurea ; pectore cærulescente ; pennis subalis reliquis longioribus, quamvis caudâ brevioribus et truncatis ; rectricibus duabus intermediis filiformibus, apice lunato-pennaceis. Vieill., Encycl., t. III, p. 908, pl. CXLIII, fig. 1.

C. Castaneo-purpureis, subtus albidus, fasciâ pectorali viridi-aureâ, rectricibus duabus intermediis filiformibus, apice lunato pennaceis. Vieill., Gal, pl. XCVI, p. 146.

Rex avium paradisearum, Clusius, Ex. pl. et page 362 ; Olearius, Mus., pl. XIII, fig. 2 ; Petiver, Gazco. I, pl. LIII, fig. 2 ; Ray, Av., p. 22, n°. 10 ; Valentin, t. III, p. 312 ; Knorr, del. Nat., t. II, pl. V ; Séba, t. I, pl. XXXVIII, fig. 5.

Supposed king of the greater bird of paradise, Willugby, Orn., p. 96, pl. LXXVII.

Roi des oiseaux de paradis, Salerne, Hist. nat. des ois., p. 35, pl. III, fig. 3.

A. Jeune mâle, Levaill., Parad., pl. VIII.

Paracerco nullo ; capite, toto collo antico ad pectus usque, dorso, scapularibus, alis supra totis, uropygio et cauda sordide viridi-fuscis; corpore subtus grisco-rufescente, pluma quavis fuscescenti-marginata: rostro fusco. (Wagler ex Levaillant, Synops., esp. 7.)

C. Femelle, pl. XVIII. ¼.

Brun roussâtre en dessus; jaunâtre sale avec des rayures brunes en dessous. (Less., Zool. de la Coquille, pl. XVI, t. I, part. 2, p. 658.)

Ve. GENRE. — DIFILLODE.

(*Diphyllodes*, Less.)

Synonymie.

Magnifique, Less., Ornith., p. 338.
Paradisea, auct.

Caractères. Bec plus court que la tête, à arête légèrement arrondie, comprimé sur les côtés, pointu, à narines entièrement cachées par les plumes, courtes, serrées et veloutées du front. Mandibule inférieure mince, droite, plus courte que la supérieure; l'une et l'autre légèrement entaillées à la pointe.

Tarses médiocres, scutellés. Ailes courtes, pointues, à première rémige courte, les autres atteignant la naissance de la queue; celle-ci brève, carrée, formée de douze rectrices, dont dix rectilignes à leur sommet, les deux autres moyennes très-longues, recourbées, réduites à une tige amincie et filiforme au sommet, garnie de barbes rudimentaires sur leur bord externe.

Plumes du cou sur les épaules, droites, imbriquées, régulièrement recouvertes en tuiles; celles du devant du cou en ligne droite, disposées en mosaïque.

Observations. Ce genre ne renferme qu'une espèce, dont le mâle seul est connu; encore les individus qui sont dans les musées sont-ils mutilés. On ignore toutes les particularités qui se rattachent à ses mœurs et celles qui concernent la femelle.

7e. ESPÈCE. — LE DIFILLODE MAGNIFIQUE. (*Diphyllodes seleucides*, Less.)

Synonymie.

Manucodiata cirrhata, Aldrov., t. I, p. 811-814.
Paradisea magnifica, auct.
Magnificent bird of paradise, Lath.
Le magnifique de la Nouvelle-Guinée, Sonnerat, It. 163, pl. XCVIII.

Le magnifique de la Nouvelle-Guinée, ou manucode à bouquets, Buff., Ornith., 3, p. 166.

Oiseau de paradis surnommé le magnifique, Buff., Enl. 631.

Le magnifique, Vieill., Ois. dor., t. II (1802), pl. IV; Levaillant, Parad., pl. IX, p. 36; Cuv., Règ. an., t. I, p. 427; Voigt, trad. allem., p. 617, Drapiez, Dict. class., t. XIII, p. 45; Daudin, Orn., t. II, p. 273.

Habite la Nouvelle-Guinée.

A. Male adulte, pl. XIX (vu de profil) et pl. XX (vu en dessous).

Plumage brun rougeâtre, avec le sinciput noir; les plumes du dessus du cou jaunes, épaisses, et comme crépues. Le dessous du corps vert-noir, offrant une ligne plus brillante sur le milieu. Bec et pieds jaunâtres.

Synonymie.

Paradisea magnifica. Capite toto et gula flavo-fuscis, vertice paulo obscuriore; fasciculo nuchali e plumis densis, elongatis composito, supremis earum cervicis omnium minimis, hispidis quasi, dilutè fuscis, macula parva nigra terminatis, subsequentibus longis, harum mediis flavo stramineis, lateralibus dilutioribus, dorsùm versus sericeo-albis; fasciculo minore e plumis fuscescentibus formato utrinque ad alarum insertionem; rectricibus duabus intermediis elongatis, filiformibus, introrsùm curvatis, in uno latere pogonio strictissimo, viridibus, 9'' longis; dorsi-plumis longis scapularibus et alarum tectricibus minoribus nitidè castaneis, uropygii et tota cauda quadrata sordide fuscis, in certa luce obscure viridi-relucentibus; alarum tectricibus majoribus flavo-rufescentibus; corpore toto subtus saturate viridi, excepta tænia longitudinali a mento ad pectus ducta, recta, e plumis nitide viridi-cæruleis, transversim marginatis composita; alis fulvescenti flavis. Wagler, Syn. avium, esp. 4.

Paradisea magnifica. Supra spadiceus, gulâ viridis lunulis aureis, cervicis fasciculo pennarum flavarum. Linn., ed. Gmelin, esp. 4, t. I, p. 401.

Paradisea magnifica. Castaneo-fusca; capistro nigro; cervice cirrhata, flava; collo subtus pectoreque viridi nigris, medio nitentibus. Latham, Ind., esp. 3.

Paradisea magnifica. Castaneo fusca; capistro nigro; cervice cirrhatâ, flavâ; collo subtus pectoreque viridi nigris, medio nitentibus; rostro pedibusque flavis; remigibus intermediis longissimis, barbâ brevissimâ. Vieill., Encycl., t. III, p. 907, pl. CXLIII, fig. 2.

B. Jeune male.

Rectricibus filiformibus elongatis nullis, partibus corporis superioribus dilutè fuscis, cauda terreo-fusca, fasciculi colli postici plumis longis tenerrime fusco terminatis, hypochondriis in fundo albido nigro-radio-

3

latis, alis fusco-rufis, partibus cæteris adulti. (Wagler, Synops., esp. 4; Levaillant, Parad., pl. X, p. 39.)

VIe. GENRE. — ASTRAPIE.

(*Astrapia*, Vieillot.)

Synonymie.

Turdus, Cuv.
Paradisea, Gm., Lath.
Lamprotornis, Temm., Wagler.

Caractères. Bec médiocre, comprimé sur les côtés, pointu, à peine recouvert de plumes veloutées à la base; à mandibule supérieure convexe, entaillée et fléchie à la pointe; à arête étroite.

Narines arrondies, glabres.

Tarses nus, robustes, scutellés. Le doigt intermédiaire soudé à la base avec l'externe, et totalement séparé de l'interne. Les ongles forts et très-crochus.

Queue excessivement longue, composée de douze rectrices très-étagées, très-roides, arrondies à leur sommet. Ailes ?

Observations. La *femelle* n'a point les parures du mâle; sa taille est plus petite, et son plumage est noirâtre. La seule espèce connue est un oiseau admirable, nommé par quelques auteurs *pie de paradis*; elle provient de la Nouvelle-Guinée; ses mœurs et ses habitudes sont inconnues.

8e. **ESPÈCE.** — L'ASTRAPIE A GORGE D'OR. (*Astrapia gularis*, Vieill., Gal., pl. CVII; Nouv. Dict. d'hist. nat., t. III, p. 37.)

Synonymie.

Georget bird of paradise, Lath., n°. 4, pl. XX.

Paradisea gularis, Lath.

Paradisea leucoptera, Lath.; Shaw, Gen. zool., t. VII, pl. LXX.

Le hausse-col doré, Vieill., Ois. dorés, t. II, pl. VIII (en dessus) et pl. IX (en dessous).

Lamprotornis gularis, Temm.; Stark, El. of nat. hist., t. I, p. 210; Wagler, Synops.

La pie de paradis ou l'incomparable, Levaill., Parad., pl. XX et XXI.

Le merle de la Nouvelle-Guinée, Cuv., Règ. an., t. I, p. 371.

L'oiseau de paradis à gorge d'or, Sonnini, édit. de Buff., t. IX, p. 23.

L'oiseau de paradis à ailes blanches, Sonnini, édit. de Buffon, t. IX, p. 25.

Habite la Nouvelle-Guinée, le hâvre de Doréy.

A. Male, pl. XXI (vu en dessus) et pl. XXII (vu en devant).

Le *mâle* a deux huppes comprimées sur les côtés de la tête, la gorge cuivre rouge resplendissant, le manteau et le corps émeraude en dessous, le dos de teinte d'acier rougi, les ailes et la queue noir-violâtre ondé.

Synonymie.

Paradisea nigra, L., Gm. : Nigra, subtus obsoletè viridis, occipite, nuchâ, cervice et mediâ abdominis fasciâ lætius viridibus aureo lunulatis, arcu aureo cum lunulis rubris ab angulo oris ad gulam protenso L., Syst. nat. ed. Gm., t. I, p. 401, esp. 5.

Paradisea gularis. Purpureo-nigricans, capistro, genisque tomentosis ; cervice fasciâque pectorali viridi nitentibus ; sub gulâ lunulâ cupreo-aureâ, fulgidissimâ. Magnitudo Monedulæ. Longitudo 28 poll. ; cauda longissima , maxima, pennis cuneiformibus ; tectricibus 2 intermediis 22 poll. long. ; extimis 5 poll. Latham, Ind., esp. 5.

Paradisea leucoptera. Nigra ; cervice cupreo-splendente : remigibus albis, extus nigro, marginatis : cauda longissima, cuneiformi. Long. 25 poll. ; rostrum nigrum vix incurvatum ; pennis gulæ elongatis. Latham, Ind., esp. 6.

Astrapia : purpureo - nigricans ; capistro genisque tomentosis ; cervice fasciâque pectorali viridi - nitentibus ; sub gulâ lunulâ cupreo-aureâ, fulgidissimâ. Vieill., Gal., p. 169.

B. Jeune male (indiqué comme femelle par Levaillant).

Taille plus petite ; plumage noirâtre ou d'un noir fuligineux, excepté la queue, qui est brun-roux. Ventre rayé de fauve. (Levaill., Par.)

C. Femelle, pl. XXIII.

Plumage gris ardoisé, tête et cou noirs, queue lisérée, ailes d'un gris lavé de roux.

VIIe. GENRE. — SÉRICULE.

(*Sericulus*, Swainson.)

Synonymie.

Oriolus, L., Gm., auct.
Icterus, Brisson.
Paradisea, Shaw.
Meliphaga, Lewin.

Caractères. (Cons. pl. XXIV.) Bec plus court que la tête, assez fort, comprimé sur les côtés, à arête légèrement convexe, à pointe légèrement recourbée, nu à la base. Narines percées dans une fosse triangulaire sur le rebord des plumes du front. Mandibule inférieure mince, pointue, échancrée à la pointe, ainsi que la supérieure. Langue ciliée, et frangée à la pointe et sur les bords. Plumage des mâles sericéeux, ras et épais; celui des femelles ordinaire.

Ailes s'étendant un peu au delà du croupion, pointues, à première rémige courte, les troisième et quatrième les plus longues. Tarses médiocres, assez robustes, scutellés, à doigt médian le plus long, intimement soudé à la base avec l'externe. Pouce robuste : tous armés d'ongles recourbés, comprimés, assez forts. Queue moyenne, presque égale, formée de douze rectrices à extrémité rectiligne.

Observations. Ce genre renferme deux espèces que la plupart des auteurs ont jusqu'à ce jour confondues avec les loriots, et cependant elles en diffèrent au premier aperçu et par la forme du bec, et surtout par la longueur relative des tarses avec les autres proportions du corps. Les séricules vivent d'insectes, de petits mollusques, et de quelques baies charnues dans les bois peu fournis de la Nouvelle-Galles du sud, ou dans les sombres et vastes forêts de la Nouvelle-Guinée.

M. Swainson, le créateur du genre *sericulus*, l'a ainsi caractérisé : *Rostrum orioli rostro simile; tarsi elongati, validi; caudâ subfurcatâ*. Au *sericulus regens* cet auteur, avec juste raison, proposa d'adjoindre le *paradisea aurea* des auteurs, ou le *loriot de paradis* de Levaillant.

9e. ESPÈCE. — LE SÉRICULE ORANGÉ. (*Sericulus aurantiacus*, Lesson.)

Synonymie.

Golden of paradise-bird, Edw., Gl., pl. CXII, t. III, p. 112.

Paradisea flavo-fulva, Mus. ad Fred., I, p. 15.

Icterus indicus ou troupiale des Indes, Briss., Orn., supp., t. VI, p. 37.

Coracias aurea, L., Syst. nat., edit. X.

Oriolus aureus, L., Gm., Syst. nat., ed. XII; Wagler, esp. 1.

Rollier de paradis, Buff., Hist. nat. des ois., t. III, p. 149.

Paradisea aurea, Shaw, Gen. zool.

Loriot de paradis, Levaill., pl. XVIII (Parad.); Borowsky, Naturf., II, p. 122; Daudin, Ornith., t. II, p. 277; Latham, Ind., genre 12, esp. 11.

Oriolus paradisea, Temm.; Stark, El., t I, p. 206.

Oriolus aureus : le paradis orangé, Vieill., Ois. dorés, t. II, pl. XI et XII (variété); Encycl., Ornith, t. II, p. 695.

L'oiseau de paradis orangé, Cuv., Règ. an., t. I, p. 428; Voigt, trad. allem., t. I, p. 618.

Loriot orangé, Dumont, Dict. sc. nat., t. XXVII, p. 215.

Habite la Nouvelle-Guinée, l'île de Waigiou.

A. Male, pl. XXV.

Tête et manteau orangé vif et velouté : ce dernier relevé, épais, ample, et formé de plumes élevées et disposées en parures ; bordure du front et devant de la gorge noir mat ; bordures des ailes, rémiges et rectrices brun mat. (Less., Ornith., t. II, p. 339.)

Synonymie.

Icterus supernè aurantiacus, infernè luteus ; pennis basim rostri ambientibus, gutture et tectricibus alarum superioribus minoribus nigris, rectricibus nigris, luteo in apice marginatis. Brisson, Ornith., supp., t. VI, esp. 31, p. 37.

Coracias flavo-fulva, gula tectricibus primariis extremitateque rectricum nigris. Linné, Syst. nat., ed. X, genre 49, esp. 5.

Oriolus aureus. Flavo-fulvus ; capistro, gula, tectricibus primariis rectricumque extremitate nigris. Linné, Gm., Syst. nat., edit. XII, esp. 19, genre 52.

Paradisea aurea. Flavo-fulva ; capistro, gula, remigibus, rectricibusque nigris. Latham, Ind., genre 12, esp. 11.

Oriolus aureus. Capitis superioris plumis longiusculis cristæ parvæ speciem formantibus, collo pectoreque lætissime aurantio-rubris ; toto trunco suprà ac subtus unicolore aureo-flavo, dorso ac tergo in aurantio rubrum vergentibus ; colli postici plumis elongatis, strictis, sericeis, capitis, frontem versus, gulæque supremæ holosericeis ; gula nigerrima ; rectricibus totis nigris, macula apicali parva, flava notata ; remigibus primariis à basi usque ultra medium, secundariis fere totis extus flavis ; harum reliqua parte, remigibus mediis apice ac alarum plica nigerrimis ; gulæ nigridine in acumen desinente. Rostrum corneo-fuscum ; pedes flavido fuscescentes. Longitudo totalis 8 p. ½. Wagler, Syn., esp. 1.

B. Jeune male, pl. XXVI *bis*.

Adulto similis, remigibus primariis intus, secundariis à medio usque ad apicem olivaceo-viridibus. (Wagler ; Vieill., Ois. dorés, t. II, pl. X.)

C. Femelle, pl. XXVI *ter*.

Ptilosi tota olivascente, gula fusco-nigra olivascenti-variolosa, rostro pedibusque nigro-fuscis. (Wagler ; Levaill., Par., pl. XIX.)

10e. ESPÈCE. — LE SÉRICULE PRINCE RÉGENT. (*Sericulus regens*, Lesson.)

Synonymie.

Meliphaga chrysocephala, ou *king's honey sucker*, Lewin, Birds of New-Holl., pl. I.

Oriolus regens, Quoy et Gaim., Zool. Uranie, pl. XXII, p. 105 ; Temm, pl. col., no. 320 ; Wagler, sp. 2.

Sericulus chrysocephalus, Swainson, Zool. Journ., n°. 4 (1825), p. 478; Vigors et Horsf., Trans. soc. linn. de Lond., t. XV. p. 326.

Sericulus regens, Less., Zool. de la Coq., texte, t. I, part. II, p. 641; Traité d'ornith., t. II, p. 340.

Oriolus regens, Cuv., Règ. an., t. I, p. 380.

Habite la Nouvelle-Galles méridionale, dans les broussailles, les petits bois des environs de New-Castle et de Port-Macquarie.

A. MALE, pl. XXVI.

Long de 10 pouces, à formes grêles. Son plumage est noir velours très-profond et très-soyeux, excepté la partie supérieure de la tête, du cou, les rémiges secondaires, qui sont d'un jaune orangé admirable. Bec jaune et pieds noirs.

Synonymie.

Oriolus regens. Capite, collo, suprà alarum dimidià parte, luteis; pectore, ventre caudâque nigris; rostro flavo. Quoy et Gaim., Zool. Uranie, p. 105.

Sericulus niger. Cervice, remigibusque secundariis aureis. Swainson, Zool. Journ., t. I, p. 478.

Oriolus regens. Velutino-niger, unicolor, exceptis capitis partibus superioribus, collo postico, striola prope oculos remigibusque secundariis totis lætissime aurantio-flavis, quasi hyalino resplendentibus; capitis superioris plumis holosericeo-tomentosis, colli postici truncatis. Rostrum flavum, pedes nigri, orbitæ nigricantes, irides rubicundæ. Longitudo totalis 10 p. Wagler, Syn., esp. 2.

B. FEMELLE, pl. XXVII.

Taille plus forte que celle du mâle; bec et tarses noirs; une calotte noire sur le sinciput. Ailes et queue olivâtres; plumage en entier fauve olivâtre maillé sur un fond blanchâtre, passant au brunâtre sur le cou et en devant de cette partie. Longueur totale 10 pouces.

Synonymie.

Sericulus. Capitis vertice atro; maculà nigrà pectori; fronte griseà; dorso fulvo, flammis albis notato; abdomine albido, plumis brunneo cinctis; alis, caudâque griseo rufis. Less., Zool. Coq., texte, t. I, part. 2, p. 641, et pl. XX.

§ II. FAMILLE DES ÉPIMAQUES.

(Epimachi.)

Synonymie.

Les ténuirostres ou les huppes, Cuv.

Les sylvains épopsides, Vieill.

Les passereaux ténuirostres ou leptoramphes, Dumér., Zoolog. anal.

Coraces, Meyer.

Avis ambulatores tenuirostres, Illig., Prod.

Les anisodactyles, Temm.

Promeropidæ, Vig.

Passereaux ténuirostres, Latr.

Méliphagidées, Swainson.

Les Conirostres anisodactyles, v^e. fam., les Upupées, Less., Orn.

Les épimaques forment une famille naturelle qui doit prendre place immédiatement après celle des paradisiers, à la suite des coraces, et qui doit cesser d'appartenir aux passereaux ténuirostres, et surtout à la famille des huppes, dont elle s'éloigne autant par la conformation du bec que par les mœurs et les formes corporelles.

Les épimaques répondent aussi aux genres nommés par les auteurs *promerops*, Brisson; *paradisea*, Shaw; *upupa*, *merops* et *paradisea*, L. et Gm., Latham et Illiger; *falcinellus*, Vieillot; *epimachus* et *ptiloris*, Cuvier, Swainson et Lesson.

CARACTÈRES GÉNÉRAUX.

Bec allongé, aminci, légèrement fléchi, solide, comprimé sur les côtés, épais à la base, pointu à l'extrémité; à commissure ample, rebordée, abaissée à l'angle et allant jusqu'aux yeux; enveloppé en dessus de plumes serrées, veloutées, s'avançant sur les fosses nasales, qu'elles recouvrent en partie. L'arête du bec est légèrement échancrée, et entame les plumes du front à la base. Les bords des mandibules sont coupans, lisses, et toutes les deux s'amincissent à leur pointe et présentent chacune deux échancrures ou dentelures latérales.

Les *narines* sont médiocres, latérales, et ouvertes presque à la naissance du bec par une fente horizontale, nue; à demi fermées par une membrane où s'implantent les plumes du front. Leur langue est courte, subcartilagineuse, triangulaire, obtuse et très-entière.

Les *pieds* sont médiocres, robustes, fortement scutellés, accolés en dessous, à doigt intermédiaire le plus long, et soudé par la base à l'externe, tandis que l'interne est libre. Le pouce est puissant, robuste, et tous les doigts sont terminés par des ongles acérés, recourbés, comprimés sur les côtés.

La *queue* se compose de dix à douze rectrices; elle est rectiligne et courte, ou très-longue et très-étagée.

Les *ailes* sont médiocres, s'étendant jusqu'à la naissance de la queue, à une et deux rémiges dolabriformes dans quelques espèces, et les suivantes obtuses ou coupées carrément.

Le *plumage* des mâles est généralement doux, éclatant, métallisé ou velouté. Celui des femelles est roussâtre, ondé de brun, et sans aucunes parures. Quelques espèces ont les plumes des flancs allongées en faisceaux larges et métallisés, ou se terminant en brins décomposés, ou se prolongeant en soies arrondies, etc.

Observations. Les épimaques constituent une petite tribu naturelle, et bien distincte des huppes et surtout des promerops, avec lesquels on les avait jusqu'à ce jour abusivement confondus. Ce sont en effet des oiseaux qui ont tous les caractères des paradisiers, à l'exception de l'allongement et de la forme recourbée que prend le bec. Mais on remarquera une même disposition dans les plumes veloutées du front s'avançant sur les narines, la forme générale et les caractères du bec denté à l'extrémité des mandibules : comme chez les paradisiers, la commissure de la bouche est ample et s'étend jusque sous l'orbite. Les tarses sont robustes, scutellés; les mêmes ressemblances se font remarquer dans la soudure, la longueur, la disposition des doigts; dans la forme des ongles, les parures des flancs, les plumes veloutées du corps, leur éclat métallique, la livrée terne des femelles, une patrie identique, et sans aucun doute des mœurs communes.

Les épimaques sont donc, par tous leurs caractères, de véritables paradisiers. Les promerops, au contraire, doivent être placés à une distance notable d'eux. Leur corps allongé et mince, leurs jambes basses et proportionnellement plus grosses, la manière d'être de leurs doigts, la forme recourbée de leur bec, tout indique qu'on doit les classer à la suite des souï-mangas ou *cinnyris*, et loin de la grande famille des corbeaux.

Les habitudes des épimaques ne sont point connues. Leurs dépouilles proviennent de la Nouvelle-Guinée, et sont vendues aux Européens mutilées par les peuplades noires qui vivent sur cette grande île. Une seule espèce habite le nord de la Nouvelle-Hollande.

Ier. GENRE. — PTILORIS.

(*Ptiloris*, Swainson, Zool. Journ., t. I, p. 479.)

Synonymie.

Epimachus, Lesson, Zool. de la Coquille et Cent. zool.

Caractères. (Pl. XXVIII.) Bec plus long que la tête, comprimé sur les côtés, légèrement arqué, pointu, à commissure s'ouvrant jusque sous l'œil. Narines en partie cachées par les plumes écailleuses (et non veloutées) du front. Ailes courtes, concaves, s'étendant jusqu'au croupion; à première et deuxième rémige étroites, courtes, pointues, les suivantes arrondies. Queue médiocre, arrondie, formée de douze rectrices circulaires à leur sommet, qui est mucroné. Plumes des flancs, larges, lâches, arrondies, comme écailleuses et frangées sur leurs bords. Tarses médiocres, scutellés, robustes, terminés par trois doigts dont le moyen est le plus long, et se trouve soudé à la base avec l'interne. Pouce robuste, puissant; tous les doigts armés d'ongles recourbés, acérés, comprimés.

Plumage des males séricéeux, avec des plumes métallisées, écailleuses; celui des femelles roussâtre, grivelé et sans éclat.

Observ. Le genre *ptiloris* ne renferme qu'une espèce, qui vit aux alentours de Port-Macquarie dans la Nouvelle-Galles du sud.

1re. ESPÈCE. — LE PTILORIS PARADISIER. (*Ptiloris paradiseus*, Swainson.)

Synonymie.

Le *velvet bird*, le *rifle-mann* des colonistes anglais de Port-Jackson.

Le *mâle* a le plumage noir de velours, à reflets pourpres; la gorge recouverte d'un plastron échancré vert émeraude; la tête écailleuse et émeraudine; les plumes des flancs lâches, violet ponceau, et frangées de cuivre.

La *femelle* est gris olivâtre en dessus, gris roussâtre en dessous avec des taches en chevron brunâtres.

Habite la Nouvelle-Galles du sud.

A. Male, pl. XXIX (¼).

Synonymie.

Ptiloris paradiseus. Suprà nitidè atro-purpureus, infrà nitidè atro-viridis; vertice jugulo rectricibusque mediis splendidè cæruleo-viridibus. Swainson, Zool. Journ., no. 4, p. 481.

Epimachus regius. Corpore atro-purpurescente; capite pectoreque smaragdo virescentibus; abdomine æris viride; hypochondrium pennis longioribus nullis. Lesson, Zool. de la Coq., texte, t. I, part. 2, p. 667, pl. XXVIII; Cuv., Règ. an., t. I, p. 440.

Epimachus Brisbani, l'épimaque de Brisbane, Wilson, Illust. of Zoology, pl. XI (mâle et femelle), et MS. dans le cabinet d'Edimbourg : Selby; Lesson, Manuel, t. II, p. 6, et Ornith., p. 320.

Upupa regia (ptiloris), Voigt, Règ. an., trad. all., t. I, p. 654.

B. Femelle, pl. XXX ($\frac{1}{4}$). Swainson, Zool. Journ., nº. 4, p. 483.

Synonymie.

Epimachus regius, Lesson, *fœmina*, Centurie zoolog., pl. III.

Epimachus Brisbani, Wils., Illust., pl. XI (la femelle).

IIᵉ. GENRE. — ÉPIMAQUE.

(*Epimachus*, Cuv.)

(*Epimachus*, nom grec d'un très-bel oiseau des Indes, d'espèce indéterminée, *Cuv.*)

Synonymie.

Promerops, Vieillot.

Caractères. (Pl. XXXI.) Bec plus long que la tête, atténué à l'extrémité, recourbé, comprimé, arrondi, à mandibules robustes, dentées à la pointe, à bords lisses et coupans; à commissure ample, fendue jusque sous les yeux.

Narines entièrement cachées par les plumes soyeuses du front, qu'entame l'arête convexe du bec.

Ailes amples, dépassant le croupion; à première rémige courte, taillée ainsi que la seconde en lames de sabre; la troisième plus courte que la deuxième, et brusquement tronquée ou coupée carrément au sommet; les cinquième, sixième et septième égales, et les plus longues de toutes : celles-ci avec une pointe mucronée.

Parures des flancs formées, chez les mâles, de longues plum décomposées, filamenteuses.

Queue médiocre, égale, composée de dix rectrices, carrées au sommet.

Tarses robustes, scutellés, à pouce très - robuste, à doigts armés d'ongles crochus, recourbés, aplatis en dessous.

Observation. Le genre épimaque ne comprend qu'une espèce, qui vit à la Nouvelle-Guinée, et dont nous connaissons aujourd'hui le mâle adulte, la femelle, et le jeune âge du mâle.

2e. ESPÈCE. -- L'ÉPIMAQUE PROMÉFIL. (*Epimachus magnificus*, Cuv., Règ. an. (1817), pl. IV, fig. 2).

Synonymie.

Le promefil, Levaill., Parad., pl. XIII (le mâle); Lesson, Illust. de Zool., pl. XXIX (le mâle); Traité d'Ornith., atlas, pl. LXXIV, fig. 1; Centurie zool., pl. IV (la femelle), et pl. V (le jeune mâle).

Falcinellus magnificus, Vieillot, nouveau Dict. d'hist. natur., t. XXVIII, p. 167, pl. G, no. 3, et Encycl., t. II, p. 579.

Epimachus magnificus, Wagler, Systema Avium, esp. 10.

Promerops à parures chevelues, Dumont, Dict. sc. nat., t. XLIII, p. 367; Drapiez, Dict. class., t. XIV. p. 293.

Habite la Nouvelle-Guinée.

A. Male adulte, pl. XXXII, au ¼ g. n.

Noir de velours; gorge émeraude et acier bruni; parures des flancs effilées et comme filamenteuses.

Synonymie.

Epimachus. Corporis plumis mollissimis, atro-purpureis sericeisque; collo et thorace squamellis æneis nitentibus, zonâ bombycinâ captis; abdomine atro-rubescenti; laterum plumis elongatis, capillaceis; caudâ mediocri, æquali. Lesson, Illust. de Zool., pl. XXIX.

Epimachus magnificus. Cauda brevi, larga, quadrata, velutino-nigra, rectricibus duabus intermediis totis nitide metallice viridi purpurinis; pectore utrinque ad latera fasciculo e plumis longis, erigendis, basi sericeis, sensim in rhaches filiformes, longas, pogoniis raro radiatis, brevisissimis instructas, arcuato-flexas exeuntibus composito; gula et toto collo antico ad pectus usque plumis rigidiusculis, spatuli-formibus, imbricatim positis, metallice cæruleo viridi purpureoque relucentibus obsitis, et fascia pectorali viridi-smaragdino, aureo aut purpurino-nitente terminatis; plumis capitis suprà colli postici ac lateralis, dorsi, uropygii, scapularibus, alis, ventre, tibiis crissoque infundo velutino-nigro purpurino nitentibus; remigibus utrinque duabus dorso proximis lunula apicali viridi-purpurina. Rostrum arcuatum, subvalidum pedesque nigri; capistri plumæ ad nares usque protensæ. Longitudo parum ultra 12 p.; non rarus in collectionibus sed ut plurimum *paradisearum* ad instar mutilatus ; avis perpulchra. Wagler, Syst., esp. 10.

Le promerops promefil, *falcinellus magnificus*. Corpore suprà nigro ; gutture colloque anteriori cæruleis nitentibus ; ventre violaceo ; rostro, apice pedibusque nigris. Vieillot, Encycl., Orn., t. II, p, 579.

B. Jeune mâle, pl. XXXIII, au ½ g. n.

E. corpore sericeo sed plumarum dorsalium marginis rufis ; cauda cinnamomea ; squamulis gulæ aliis violaceo splendentibus, aliis squalidis aut nigro zonatis. (Lesson, Cent. zool., pl. V.)

C. Femelle, pl. XXXIV, au ½ g. n.

E. corpore, collo, uropygio, alis caudaque badio aut cinnamomeo tinctis ; lineâ superciliari albescente. Thorace abdomineque albicantibus sed atro undulatis. (Lesson, Cent. zool., pl. IV.)

IIIe. GENRE. — FALCINELLE ou SÉLEUCIDE.

(*Seleucidis*, Less.)

Synonymie.

Falcinellus, Vieillot.
Paradisea, Blumenbach, Man., p. 96.
Paradisea, Shaw.
Epimachus, Wagler.

Caractères. (Pl. XXXV.) Bec plus long que la tête, presque droit, à bords lisses, comprimé sur les côtés, à commissure ample, fendu jusque sous les yeux ; la mandibule supérieure presque droite, terminée en pointe recourbée, dentée sur le bord ; l'inférieure mince et droite.

Narines oblongues-triangulaires, en partie cachées par les plumes veloutées du front, et ouvertes dans un sillon latéral.

Arête du bec lisse et entamant les plumes du capistrum.

Langue ?

Ailes médiocres, s'étendant jusqu'au croupion ; la première rémige courte; les troisième, quatrième et cinquième les plus longues de toutes.

Queue courte, subrectiligne ou échancrée, composée de douze rectrices à peu près égales.

Tarses médiocres, forts, scutellés, à doigt intermédiaire soudé à l'externe à la base; le pouce robuste et long; tous les doigts armés d'ongles recourbés, acérés, comprimés latéralement.

Observations. M. Vieillot a appliqué le nom de *falcinelle* à tous les promerops. Nous avons donc dû, pour éviter de nouvelles fluctuations dans la nomenclature, changer cette dénomination et préférer celle de *séleucide*, que les anciens donnaient à un magnifique oiseau d'espèce inconnue.

Le genre *séleucide*, tel que nous le concevons, ne comprend ainsi qu'une espèce, remarquable par l'éclat extraordinaire de ses parures. Cet oiseau, que quelques auteurs, et M. Cuvier entre autres, ont nommé *paradisier à douze filets*, a ses parures des flancs terminées au contraire chacune par un filet, de sorte que le nom de *multifil* qu'on lui a aussi appliqué lui convient parfaitement.

Les mœurs et les habitudes de cet admirable oiseau sont inconnues. On sait seulement qu'il vit à la Nouvelle-Guinée, car ses dépouilles arrivent en Europe par la voie des Hollandais, qui les achètent dans les Moluques aux trafiquans malais.

3e. **ESPÈCE**. — LA FALCINELLE MULTIFIL. (*Seleucidis acanthilis*, Lesson.)

Synonymie.

Paradisea alba, Blum., Man., t. I, p. 96.

Paradisea nigricans, Shaw, Gen. zool., t. VIII, p. 145.

Paradisier à douze filets, Levaill., Parad., pl. XVI et XVII.

Manucode à douze filets, Vieill., Ois. dorés, pl. XIII des Parad.

Promerops à douze filets, Vieill., nouv. Dictionn. d'hist. natur., t. XXVIII, p. 165, et Encycl., t. II, p. 581.

Falcinellus resplendescens, Vieillot, Galerie des ois., pl. CLVIII, p. 308; Drapiez, Dict. class., t. XIV, p. 293.

Epimachus albus, Wagler, Syst., esp. 9.

Falcinellus resplendescens, Less., Ornith., p. 322.

Habite la Nouvelle-Guinée; l'île de Waigiou.

Sources primitives de synonymie.

Nouvelle espèce d'oiseau de paradis noir (1689), Valentin; Forrest, It., p. 159.

New-white-paradise-bird, l'oiseau de paradis blanc, Valentin.

Paradisea tota alba, Pennant, Ind. zool., n°. 5.

—Var. B. *Paradisea* anterius nigra, posterius alba. Pennant, Ind. zool., n°. 5 B.

Paradisea alba, L.; Gm., Syst. nat., esp. 9 (t. I, p. 402); Gerini, Ornith., pl. LXV, f. 1? Rarissima in insulis Papuanis.

Paradisea candida, Gm.

Paradisea alba. Tota alba : insulæ Papuanæ.

— Var. A. Anterius nigra, posterius alba ; pennis 12 setaceis, pene nudis, incurvis. Insulæ Papuanæ præsertim Wayghihu. Species maxime rara. Latham, Ind., esp. 12.

L'oiseau de paradis noir, Sonnini, éd. de Buffon, t. IX, p. 21.

L'oiseau de paradis blanc, Sonnini, t. IX, p. 28.

L'oiseau de paradis noir et blanc, Sonnini, éd. de Buffon, t. IX, p. 29. Habite l'île de Mysol.

Paradisea candida, Daudin, Ornith., t. II, p. 178.

Paradisea melanoleuca, Daudin, Ornith., t. II, p. 278.

A. Male, pl. XXXVI (vu en dessus) et pl. XXXVII (vu en dessous).

Noir glacé de pourpre et de riche violet; ventre et croupion blancs; parures des flancs longues, décomposées, et le plus souvent dénudées à leur rachis, qui est grêle et se prolonge en filament recourbé.

Synonymie.

Falcinellus resplendescens. Niger, purpureo et violaceo nitens; uropygio ventreque albis; pennis hypochondriorum longissimis, duodecim apice setaceis; rostro pedibusque nigris. Vieill., Encycl., Ornith., t. II, p. 581.

Epimachus albus. Cauda brevi, quadrata, nitide violacea, in certa luce lineis nigris transversis radiata ; fasciculo utrinque ad pectoris latera infrà alas protenso e plumis erigendis, latis, rhachi valida munitis, longis, collo concoloribus, apice rotundato - truncatis nitidissime et pure viridi-smaragdinis composito; fasciculo alio subsequente infrà alas et plumis longissimis albis, subulatis, nutantibus, numerosis ? pogoniis sublaxis munitis, sericeis, caudæ apicem transcendentibus, ultimis senis utrinque in filum criniforme, longissimum, fuscum exeuntibus formato; capitis, colli, dorsi pectorisque plumis velutino-nigris, obscure viridi aut purpureo-violaceo nitentibus; ventre, abdomine, crisso, alarumque tectricibus inferioribus secundum aspectum nigro-purpureo aut aureo-viridi nitentibus; alarum tectricibus, scapularibus remigibusque decem ultimis nitide violaceo-purpurinis, remigibus primariis nigris, extus violaceo limbatis. Rostrum parum arcuatum pedesque nigri, hoc culmine basali frontem intrans; capistri plumæ usque ad nares protensæ. Longitudo totalis 9 p. $\frac{1}{2}$. Wagler, Systema, esp. 9.

L'oiseau de paradis nébuleux, Levaill., pl. XVI et XVII, t. I, p. 51 des Paradisiers, est indubitablement, ainsi que le croit M. Wagler, un oiseau fabriqué. « Ex sententia mea (Wagler), le *nébuleux* ad specimen et ex hujusce avis et ex *epimachi fusci* corporis partibus compositum pictus est. Caput et truncus, qualiter ea icones nominatæ exhibent, pertinent ad *fœminam* epimachi musci. Pedes vero, cauda, plumæ longæ pectorales nitide terminatæ et plumæ longæ albæ in cirros filiformes exeuntes ex hacce specie haustæ sunt. Ultimo dictas vir avem hanc artificiosam præparans ex arbitrio dorso infimo implantavit. Quæ ad alas attinent, suspicor eas fœminæ *epimachi superbi* proprias fuisse. Mirum est, ornithologum sagacissimum, Levaillant, hujus adulterationis vestigia haud deprehendisse! » Wagler.

B. Jeune mâle, pl. XXXVIII, au ¼ de g. n.

Les plumes des flancs lavées de jaune et non terminées par des brins.

IVe. GENRE. — CANÉLIPHAGE.

(*Cinnamolegus*, Less.)

(*Cinnamolegus*, pille cannelle ; in Arabiâ *cinnamolegos avis* appellatur : cinnami surculis nidificat et plumbatis eos sagittis decutiunt indigenæ, mercis gratiâ. Pline, caput X.)

Synonymie.

Promerops, Shaw.
Epimachus, Cuv.
Upupa, L., Gm.

Caractères. Bec deux fois plus long que la tête, recourbé, robuste, comprimé sur les côtés, égal en diamètre dans les deux tiers de sa longueur ; à arête convexe ; à mandibules presque égales, l'inférieure à peine plus courte que la supérieure, toutes les deux dentées à l'extrémité.

Narines basales, cachées par les plumes veloutées du front.

Tête et gorge recouvertes de plumes disposées en écailles.

Ailes médiocres, dépassant à peine le croupion ; à première rémige courte.

Queue très-longue, composée de douze rectrices très-étagées, fermes, à barbes larges et roides sur leurs bords, arrondies au sommet.

Scapulaires et couvertures alaires formant de chaque côté deux bouquets de plumes élargies et évasées à leur extrémité, ou arrondies ou terminées en pointe et métallisées.

Plumes uropygiales décomposées, très-finement barbelées.

Tarses robustes, scutellés ; doigts??

Observations. La seule espèce de ce genre a été primitivement décrite par

Sonnerat, mais n'est point encore parvenue en Europe complète, ou du moins ses dépouilles y arrivent toujours mutilées. On ignore quelles sont ses mœurs, ses habitudes et son genre de vie. Elle vit à la Nouvelle-Guinée, et dans le voyage de *la Coquille* nous nous en procurâmes plusieurs individus.

4e. ESPÈCE. — LE CANÉLIPHAGE PAPOU. (*Cinnamolegus papuanus*, Lesson.)

A. Male, pl. XXXIX ($\frac{1}{7}$ g. n).

Synonymie.

Upupa magna (mâle), L., Gm.

Le grand oiseau de paradis noir, Forrest. It., p. 158.

Promerops superbus, Shaw, Gen. zool., t. VIII, pl. CXLV.

Le promerops à larges parures, Levaill., Promerops, pl. XIII.

Upupa superba, Lath.; Vieill., Ois. dorés, pl. VIII, t. II.

Falcinellus superbus, Vieill., Dict. d'hist. nat., t. XXVIII, p. 167, pl. G, no. 3; et Encycl., t. II, p. 579, et pl. CXXXIII, fig. 1.

Le grand promerops de la Nouvelle-Guinée, Sonnerat, It., p. 166 et pl. CI; Buffon, Enl. 639, éd de Sonnini, t. XVIII, p. 197.

Epimachus superbus, Temm.; Stark, El., t. I, p. 263.

Noir de velours à reflets pourprés. Parures des flancs largement développées, et terminées par une bordure à teinte d'acier bruni et émeraude; dos vert doré; queue étagée, longue de 2 pieds $\frac{1}{2}$, à surface supérieure luisante.

Epimachus superbus. Niger, nitore purpurino; pectore utrinque ad latera fasciculo plumarum largissimarum, flabelli-formi erigendarum, alas superne totas adumbrantium, semi-circulari abscissarum, purpurino nigrarum, harum brevioribus nitide violaceo-terminatis; fasciculo alio ad hypochondria e plumis longis, in latere interno absque pogonio falciformibus, acuminatis, viridi-aureo fimbriatis et juxta scapum nitidissime violaceis, retroversis caudæque basin adumbrantibus composito; cauda longissima, gradata, tota subpurpurino-nigra, rectricibus lateralibus pogoniis rigidis, cylindraceo-contortis, plumis frontis genarumque parvis, rotundatis, æneo-viridibus, in certa luce plus minusve aureo cæruleoque nitentibus, colli postici longioribus, angustis nigro velutinis, apice virescentibus, dorsi in fundo nigro-velutino viridi-cærulescente aureoque nitentibus, longiusculis, spatuli-formibus, uropygii longis, in caudæ tectrices nigro-violaceas decumbentibus, corporis totius subtus nigris plus minusve violaceo-nigro, obscure viridi aut fucescente relucentibus. Rostrum arcuatum, pedesque nigri; irides fusco-atræ. Longitudo totalis maris adulti cum cauda gradato-cureata ferè

3 ped.; rectricum intermediarum solarum ferè 2 ped., extimarum 6 pol.; rostri solius ab oris angulo 3 pol. 4 lin. Wagler, Syst. av., esp. 1.

Upupa magna. Nigra, capite, cervice et pectore pennarumque humeralium, sub alarium et ad latus caudæ positarum falcatarum parte exteriore viridi-aureis. Cauda longissima. Gm., Syst. nat., I, p. 468, esp. 7.

Upupa superba. Atro violacea; vertice, cervice abdomineque superiore viridi-nitentibus; pennis scapularibus lateralibusque caudæ falciformibus; cauda longissima. Latham, Ind., esp. 7.

Falcinellus superbus. Atro violaceus; vertice, cervice, abdomineque superiore viridi-nitentibus; pennis scapulariis tectricibusque lateralibus falciformibus; caudâ longissimâ; rostro pedibusque nigris. Vieillot, Encycl., t. II, p. 578.

Habite la Nouvelle-Guinée.

B. Femelle, pl. XL ($\frac{1}{2}$ g. n.).

Rousse sur les ailes et la queue; tout le corps maillé de noir et de brun.

Absque pectoris hypochondriorumque plumis elongatis; cauda breviore tota (absque rectricibus lateralibus contortis, omnibus rectis) remigibusque omnibus, capite et collo supra, scapularibus, tergo, dorso, alarumque tectricibus superioribus omnibus saturate sufo-cinnamomeis unicoloribus, cauda parum dilutiore: collo antico nigro; toto corpore subtus in fundo fusco sordide albo squamuloso-fasciolato; rostro fuscescente, pedibus fuscis. (Wagler, Syst. av., esp. 1.) Long. 21 p. $\frac{1}{2}$.

Synonymie.

Le promerops de la Nouvelle-Guinée, Buffon, Enl. 638.

Le promerops brun de la Nouvelle-Guinée, Sonnerat, Voy., pl. C, p. 165.

Upupa Papuensis. Fusca, subtus albo nigroque fasciata; capite, colloque atris; rectricibus duabus intermediis longissimis. Lath., Index, esp. 6.

Promerops brun à ventre rayé, Buffon, Hist. nat., Ois., t. VI, p. 471.

Le promerops rayé, Vieillot, Ois. dorés, pl. VII.

Promerops striatus, Shaw, Gen. zool.; Buffon, éd. de Sonnini, t. XVIII, p. 195. pl. CXLV; Labillardière, Voy. à la rech. de La Pér., t. II, p. 291.

C. Jeune mâle.

Fœminæ adultæ simillimis at capitis pictura maris adulti; cauda paulo breviore, rostro nigro, pedibus nigro-fuscescentibus. (Wagler.)

Synonymie.

Upupa fusca. Subtus grisea albo nigroque striata, vertice chalybeo; gula juguloque nigris, rectricibus duabus intermediis longissimis. L.; Gm., Systema nat., t. I, p. 458, esp. 6; Levaillant, Prom., pl. XV, p. 32.

FIN DU SYNOPSIS.

INTRODUCTION.

INTRODUCTION.

ESQUISSE DES CONTRÉES OU VIVENT LES OISEAUX DE PARADIS ET LES ÉPIMAQUES.

Les oiseaux de Paradis et les épimaques, ces délicieuses créatures plus célèbres peut-être dans leur propre pays qu'en Europe, objet de mille contes dus à l'imagination naturellement exagératrice des Orientaux, à mœurs ignorées, vivant sous un ciel embrasé, ont dû par cela même trouver de nombreux historiens. Ce que l'on en savait naguères se bornait à des contes puérils et entremêlés de quelques détails qui n'étaient pas sans charmes; mais de nos jours que le merveilleux ne peut plus figurer dans les récits, ce que nous en connaissons, dénué de prestiges, ne suffit pas pour satisfaire complétement la curiosité.

Ces oiseaux habitent des régions sur lesquelles règne le vague le plus mystérieux. A peine le pied furtif de l'explorateur européen a-t-il marqué ce sol si riche en productions naturelles inconnues. Dans ces immenses forêts, filles vierges des siècles qui les ont vues croître, pullule une variété d'êtres animés plus brillans les uns que les autres. Le soleil dans sa course ne cesse jamais de lancer des feux directs sur cette féconde nature ; tout s'harmonise dans ce riche tableau de lumière et d'effets : végétaux odorifères et précieux, aux formes austères et gracieuses, aux troncs gigantesques ou aux tiges souples et débiles ; insectes portant sur leurs élytres ou sur leurs ailes les gemmes scintillans, les émaux miroitans, les nuances du prisme, vêtus de velours, de rubis, d'opale, d'émeraudes ; zoophytes qui émaillent les côtes des plus fraîches couleurs, et qui jettent sous la nappe azurée de la mer des parterres fantastiques ! Là des cascades d'une eau jaillissante se précipitent des flancs des montagnes dans les ravines, épanchant leurs ondes mousseuses en jets qui usent le seuil de calcaire madréporique qui les reçoit ou les divise en gouttelettes étincelantes par les rayons de la lumière qu'elles décomposent ; ici une verdure sombre et austère, là des bouquets teints de pourpre, rafraîchis par une bruine attiédie ! partout une exubérance de vie, une profusion de germes, des formes accentuées ! partout la pompe des fêtes d'une nature grandiose que n'arrête point dans son essor la main inexorable des peuples civilisés ! Force et beauté sont donc les attributs de la création de la Papuasie, l'homme seul excepté, dont la race fait tache par sa barbarie, au magnifique entourage qui semble avoir pour but de faire saillir la laideur de ses appétits brutaux et grossiers, de ses formes misérables et appauvries.

Les oiseaux de Paradis et les épimaques habitent donc exclusivement la Papuasie, tandis que le séricule prince-régent et le ptiloris se trouvent seuls avoir traversé le détroit de Torrès pour établir leurs domaines dans la partie boréale et orientale de l'Australie, en franchissant les limites du tropique du Capricorne dans le comté de Cumberland, de la Nouvelle-Galles du Sud. Toutes les espèces de vrais paradisiers, les émeraudes, les sifilets, les manucodes, les lophorines, de même que les astrapies, le séricule orangé, les épimaques, les falcinelles et les cinnamolegus se trouvent ainsi vivre dans un espace resserré, s'étendant dans l'hémisphère austral directement de la ligne équatoriale jusqu'au 10e. degré de latitude, entre les 127 et 146 degrés de longitude occidentale. Cet intervalle se trouve principalement rempli par la plus longue comme par la plus vaste île du monde, déchiquetée avec irrégularité sur ses bords, et connue sous le nom de *Nouvelle-Gui-*

née ou de *Terre des Papous*. Cette grande île, aujourd'hui nommée plus convenablement *Papuasie*, peuplée par les Malais, qui ont colonisé quelques-uns de ses points; par les Papouas, qui se sont réservé les rivages, et par les *Haraforas* relégués dans l'intérieur, est entourée, à une faible distance, d'îles et d'îlots semés avec profusion comme pour en défendre les abords. Les principaux groupes sont au nord *Ouaigiou* ou *Ouarido* (*Waigiou*), *Salwaty*, *Gamen* et *Battenta*; à l'ouest, vis-à-vis la baie de la Providence, les îles *d'Arou*, toutes supportées sur un vaste plateau de corail; au N.-E., dans l'immense golfe du Pinson jaune (*Geel-wink*) les îlettes de *Bultige*, de *Djobie*, de *Misory* et de *Schouten*, et de ce petit groupe les terres les plus remarquables sont les îles *Lesson*, *Blosseville* et *Roissy*. A l'est, les îles de la *Couronne* et *Rook* font partie d'un petit archipel qui porte le nom de *Dampier*, le détroit de même nom se trouve séparer ces îles et par suite la Papuasie de la Nouvelle-Irlande. Enfin, au sud, là où paraît finir la terre des Papouas par le cap Rodney, se trouvent des îlettes de coraux qui conduisent à l'archipel de la Louisiade, en établissant une sorte de communication. Le détroit de Torrès lui-même est semé d'écueils et présente une barrière que n'ont pas franchie les oiseaux dont l'histoire forme l'objet de ce livre. Nul doute toutefois que le cap York, prolongement boréal de l'Australie, n'ait tenu autrefois à la nouvelle-Guinée; et cette jonction détruite des deux systèmes de terre, explique, jusqu'à un certain point, l'identité de création que l'on remarque chez eux. La côte la plus limitrophe de la Papuasie qui possède les paradisiers et les épimaques, devait donc avoir des oiseaux appartenant à cette brillante tribu : *natura non fecit saltus.*

La Nouvelle-Guinée, habitée par une population divisée, farouche et guerrière, n'a jamais été visitée que d'une manière très-imparfaite par les navigateurs européens. Les explorations se sont bornées à quelques courtes recherches sur les grèves, sans que jamais on ait pu s'avancer à une certaine distance dans l'intérieur. La race nègre, d'ailleurs, partout où elle habite, est généralement jalouse de ses droits : c'est les méconnaître, suivant elle, que de paraître sur le sol où elle vit. Les Papous, dévorés par les guerres intestines les plus déplorables, ont donc cette sombre défiance des peuples féroces adonnés à tous les genres d'excès. Ils ont pour ennemis les corocores malais qu'arment d'audacieux pirates; les habitans de chaque village font la guerre à leurs voisins pour enlever des esclaves qui sont vendus aux Guébéens et autres trafiquans des Moluques orientales. Tout Papou craint dans un autre homme un ennemi : de là ces défiances inouïes, ces embûches qu'ils tendent aux voyageurs, ces massacres aussitôt qu'on s'aventure dans la profondeur des forêts, ces flèches qu'ils décochent des buissons qui les cachent ; de là ces précautions singulières qu'on leur voit prendre à l'aide de signes ou de sortes de mots d'ordre lorsqu'ils agissent en amis ; de là ces demeures aériennes, ou ces villages sur la mer, qu'ils construisent de manière à être efficacement protégés par ces sortes d'aires à l'abri des surprises ! Les Hollandais ont essayé de former en 1828 un établissement dans la baie du Triton par 3° 33′ de latitude et non loin des îles d'Arou. Ce point, qu'ils ont nommé Merkus, défendu par le fort Dubus, au pied de la montagne *Lancentsijsie*, avait déjà été visité par les Malais, et sa population primitive, mahométane, parlant la langue de Céram, offrait, sous ce rapport, des chances de succès.

Mais ayant nous-même visité deux points de la Nouvelle-Guinée dans l'expédition autour du monde de la corvette *la Coquille*, il nous a paru plus convenable de donner à nos lecteurs un résumé véridique de nos propres observations dans cette partie du monde, que de chercher à coordonner, par une compilation, les récits vagues et contradictoires des voyageurs qui nous ont précédés dans cette carrière. Dans ces deux tableaux nous offrirons une esquisse des productions naturelles et de l'histoire physique des peuplades qui se sont offertes à notre examen.

DE

LA NOUVELLE-GUINÉE

OU

PAPUASIE.

Qu'est-ce que cette Panchœa d'Evhemère, niée par Strabon et Plutarque, décrite par Diodore et Pomponius Mèla, grande île située dans l'océan au sud de l'Arabie, île enchantée où le Phœnix bâtissait son nid sur l'autel du soleil? Nous répondrons, c'est la Nouvelle-Guinée ou Papuasie.

HISTOIRE NATURELLE

DES PARADISIERS

ET

DES ÉPIMAQUES.

DAMPIER, Schouten et Forest sont les seuls navigateurs qui aient donné quelques bons détails sur la *Nouvelle-Guinée* ou *Papuasie;* mais ces détails sont si incomplets et si éloignés des connaissances actuelles, qu'on nous saura quelque gré de présenter un aperçu sur les productions de cette vaste contrée, bien que nous n'en ayons exploré qu'un seul point. Le 26 juillet 1824 nous atteignîmes le hâvre de Doréy, où nous séjournâmes jusqu'au 9 du mois suivant. Le nom de ce hâvre est écrit Dorry dans Forest; mais les naturels le prononcent Doréy, et parfois et plus imparfaitement Dorréry. Ce mouillage tirait sa dénomination d'un village de Papous jadis peuplé, mais aujourd'hui complétement abandonné, occupant l'extrémité nord-ouest d'un petit golfe dont l'entrée est protégée par deux îlots appelés *Manaspari* ou *Manasouari,* et *Mous-*

mapi ou *Masmapi.* Ce hâvre, dont l'ancrage est sûr et commode, gît par 0° 51′ 49″ de latitude S. et 130° 44′ 59″ de longitude orientale, sur la côte E. de la grande terre des Papous, et au nord du golfe du *Geel-wink*, golfe qui, par sa profondeur, concourt avec une baie opposée à transformer la Nouvelle-Guinée en deux presqu'îles que réunit un isthme étroit.

Les bords du hâvre de Doréy sont en partie recouverts d'un limon épais, plantés d'énormes mangliers, et reçoivent plusieurs rivières limpides, bien que les eaux de la mer remontent dans leurs lits; à l'est s'offre une légère plage de sables où quelques habitans avaient autrefois bâti deux ou trois cabanes auxquelles ils donnaient le nom d'*inekamorei.* Les naturels appellent *mamory-suary* ce que les Européens connaissent sous le nom de hâvre de Doréy, et *fanédike* la crique sur le bord de laquelle était l'ancien village de Doréy. La côte, dans cette partie de la Nouvelle-Guinée, est formée en entier de masses de coraux recouverts par une couche épaisse de terre végétale, et qui supportent une végétation magnifique; l'épaisseur de cette lisière du sol varie, en étendue et en hauteur, par les morcellemens nombreux qu'elle a éprouvés, et qui l'ont déchirée de manière à l'étendre dans la mer sous forme de promontoire, ou à la découper en dedans par mille canaux étroits creusant des criques ou des hâvres variables en étendue. Non loin du port de Doréy, le terrain de la Nouvelle-Guinée commence à s'élever, et bientôt se dessine à l'ouest la chaîne considérable des montagnes d'Arfack. Cette chaîne court du nord au sud, s'abaisse insensiblement vers le golfe Geelwink, et se termine au nord au cap de Bonne-Espérance. Le point culminant des montagnes d'Arfack paraît être à quelques lieues dans le sud-ouest du hâvre de Doréy; et le piton le plus élevé n'a guères que deux mille neuf cent un mètres d'après une triangulation calculée par M. Bérard.

A la forme arrondie et doucement ondulée des montagnes d'Arfack, bien que quelques revers abruptes interrompent l'uniformité de la chaîne, on doit supposer que l'ossuaire appartient au terrain primitif, et est formé de granit. On ne peut guères en douter en effet à l'abondance des cailloux de nature granitique qui encombrent le lit des torrens, et qui sont sans aucun doute charriés par les pluies qui descendent de la chaîne de ces montagnes. Sur le terrain primordial est flanqué un sol tertiaire récemment sorti du sein des eaux, et consistant principalement en débris madréporiques solidifiés par un ciment calcaire; de sorte que cette partie de la Nouvelle-Guinée, analogue sous ce rapport aux rivages de la Nouvelle-Irlande et des Moluques, prouve ce que nous avons dit ailleurs dans nos considérations générales sur les îles de l'Océanie.

Au fond du hâvre de Doréy se dessinent les embouchures de plusieurs petites rivières dont les lits semblent le plus souvent creusés par des torrens. La mer y remonte assez avant, mais pendant notre séjour ils étaient presque à sec, et l'eau douce ne coulait plus que comme un mince filet qui s'épanche dans le sable du rivage et se perd inaperçu. Mais, lorsque dans l'hivernage ces ravines sont alimentées par les pluies, les eaux s'écoulent à pleins bords et avec impétuosité, à en juger par les troncs énormes des arbres déracinés qui sont tombés dans leurs cours, aux pierres renversées et amoncelées, enfin à des obstacles ou à des accidens de sol qu'elles ont surmontés.

L'île de Manasouari occupe l'entrée de la baie, à trois milles au sud-est; sa surface assez uniforme est revêtue de grands arbres et de plantations; un village peuplé occupe sa partie boréale vis-à-vis Masmapi, où quelques Papous pêcheurs ont aussi établi leurs cabanes. Les récifs qui entourent ces îlots sont par masses désorganisées; de sorte que leurs pointes submergées sont les seules qui présentent des polypiers en vie, mais encore dans un tel état de langueur qu'on doit naturellement penser que le mélange permanent des eaux douces avec les eaux marines nuit singulièrement à leur existence, et les fait périr, par exemple dans certaines années où les pluies sont plus abondantes que de coutume.

La végétation la plus active couvre ce point du globe; elle est telle qu'on doit l'attendre sous l'équateur et à la Nouvelle-Guinée, c'est-à-dire grande, majestueuse et imposante. La surface du sol ne présente qu'une forêt sans fin où la plupart des végétaux des Moluques se trouvent, et dont les arbres, immenses par la circonférence de leurs troncs et la hauteur de leurs tiges, ont jusqu'à cent cinquante pieds d'élévation. Dans ces profondes forêts ne croissent point d'herbes humiles : les plantes y revêtent de préférence des formes robustes et ligneuses; les lianes serpentent et s'entrelacent jusqu'aux sommets des rameaux et retombent en unissant leur verdure à celle des grands arbres qui les supportent. La fécondité d'une terre sans cesse humectée par d'abondantes vapeurs et par des pluies de six mois, vivifiée par des chaleurs d'autant plus fortes que le soleil ne s'en éloigne jamais, est prodigieuse; aussi le voyageur éprouve un étonnement qui n'a rien d'analogue avec celui qu'imprime dans l'âme la vue des fastueux monumens des hommes, et ne peut se lasser d'admirer ces forêts vierges, bariolées des teintes vertes les plus diverses où tranchent les fleurs les plus larges et les plus bizarres, les fruits les plus singuliers, et ce mélange d'arbres ou de palmiers soutenant des parures étrangères au point que leur feuillage disparaît sous les festons qui les voilent de la manière la plus agreste! A des mimeuses gigantesques se joignent des aroïdes à large feuillage, des orchidées, et surtout des épidendres parasites. Des arecs à choux, des bambous, des fougères en arbre, des lataniers, des tecks, des muscadiers, des spondias, etc., etc., sont les espèces les plus communes dans ces forêts.

Chaque jour nous éprouvions un vif plaisir à nous égarer aux environs du hâvre de Doréy; des petits sentiers tracés par les quadrupèdes nous permettaient d'avancer assez loin dans l'intérieur. A chaque pas nous étions heureux d'y rencontrer une variété infinie d'animaux qui y vivent en paix, car l'indolent Papou ne leur fait point une guerre opiniâtre. Dans ces profondeurs d'où l'on peut à peine apercevoir le ciel, il est indispensable, pour y pénétrer en sécurité, de se munir d'une boussole portative, sans laquelle on courrait les plus grands risques de ne point revenir au rivage d'où l'on est parti, et d'errer à l'aventure dans les forêts. Une plante légumineuse, hérissée d'épines, gêne singulièrement la marche de l'explorateur; ce qui y contribue encore, ce sont les troncs énormes renversés sur la terre par le temps, et qui, rendant avec lenteur au sol les principes de vie qu'ils en ont reçus, sont déjà ensevelis par les rejets nombreux qui poussent de toutes parts et qui doivent ainsi leur succéder.

Pendant notre séjour à la Nouvelle-Guinée, les chaleurs étaient accablantes, et se faisaient ressentir d'autant plus cruellement que l'air n'y apportait aucun rafraîchissement. Les légères brises de l'est ne soufflaient que le matin et le soir; mais dans le milieu du jour un calme si parfait régnait dans l'atmosphère, que la feuille la plus mobile ne se balançait même pas sur sa tige. Une seule fois, et comme par exception, nous ressentîmes quelques vents frais de l'ouest par courts intervalles; ils poussaient devant eux des nuages, et firent tomber quelques grains de pluie. Nous remarquâmes que chaque jour, au matin, les sommets des montagnes d'Arfack étaient parfaitement visibles et découverts : passé ce moment, les nuages s'amoncelaient à leur tiers supérieur et y formaient jusqu'au soir un épais rideau vaporeux. Le thermomètre, à l'ombre, et à midi, s'éleva jusqu'à 32° centigrades, et la température de l'eau à la même heure ne fut jamais au-dessous de 29 à 30°.

Les productions utiles pour l'homme, que le règne végétal peut fournir spontanément à la Nouvelle-Guinée, sont nombreuses et variées, mais cependant complétement négligées par les naturels. Toutefois, dans des temps reculés dont nous n'avons que de vagues notions, à cette époque où les peuples orientaux n'avaient point vu restreindre leur puissance dans ces mers par celle des Européens, il paraît que les Chinois et les Malais avaient établi des relations de commerce avec les Papous.

Au premier rang des substances utiles on ne peut se dispenser de citer le sagoutier. Ce palmier, qu'on rencontre abondamment aux Moluques, est le don le plus précieux que la nature ait fait aux habitans de la Polynésie; son tronc contient une abondante fécule qu'ils convertissent en pains aplatis et quadrilatères d'une saveur agréable et d'une qualité très-nutritive. Les cocotiers sont très-rares sur les bords du hâvre de Doréy; mais on y trouve en abondance, en échange, le chou caraïbe, la canne à sucre, les ignames, les patates douces, la courge, le maïs, le riz rouge, l'arbre à pain à fruits à châtaignes, l'aubergine et trois sortes de bananiers. Nulle part nous n'avions rencontré auparavant deux variétés de ce dernier végétal : l'une dont la banane a la peau colorée en beau rouge, et l'autre dont le fruit est très-petit, jaune et d'une saveur fondante exquise. Une des grandes cultures du pays est le tabac, et les naturels en préparent des provisions pour échanger avec les trafiquans malais ou avec les équipages des navires européens. Ils soignent encore deux autres plantes farineuses, qui sont un petit haricot nommé *aberou*, d'une délicatesse et d'une bonté qui nous le firent estimer comme un excellent aliment, et un pois nommé *abréfore*, qu'ils conservent comme objet d'approvisionnement. A ces ressources premières on doit ajouter les produits qui croissent spontanément dans les forêts, tels que les citronniers, les orangers, les cotonniers. Le spondias dulcis, le gingembre, les pimens, etc. Le teck, divers bois de fer et d'ébène, seraient précieux pour les constructions navales et pour les arts; mais les objets qui semblent être la base du commerce par échange des Papous avec les Chinois et les Malais de Tidor, consistent en légumes, poissons desséchés, écailles de tortue, trépangs, oiseaux de Paradis, résine de Dammara, cire des abeilles sauvages, ambre, et surtout écorce de massohy. Ce dernier aromate, recherché par les Chinois, est produit par un arbre dont les feuilles ont la plus grande analogie avec celles du cannellier. Deux espèces de muscadiers sont aussi fort communes et étaient chargées de noix à l'époque de notre séjour; le fruit de l'espèce sauvage est très-petit, sans odeur aromatique, et de forme allongée et pointue; l'autre, au contraire, est la vraie muscade ronde non modifiée par la culture, mais complétement susceptible d'acquérir le volume et le parfum de la muscade cultivée dans les possessions hollandaises des Moluques. Avec les feuilles d'un grand vaquois, les habitans font les toitures de leurs cabanes, et les chapeaux à la chinoise dont ils se couvrent la tête. Les fibres de ces feuilles sont douces, moelleuses et tenaces; de sorte qu'il serait très-facile d'en fabriquer de bonnes cordes. Ce vaquois nous paraît nouveau; et ses tiges arborescentes, parfaitement droites et énormes, se couronnent d'un immense faisceau de feuilles qui, examinées isolément, ont chacune trois pouces de largeur sur dix, quinze et même vingt pieds de longueur.

Les navigateurs ne trouveraient point à Doréy une relâche avantageuse, puisqu'ils ne s'y procureraient que quelques cochons et une petite quantité de poissons, de chair de tortue et des coquillages; mais il paraît que des corocores malais et des jonques chinoises viennent fréquemment les visiter dans le but d'en retirer des peaux d'oiseaux de Paradis, des trépangs, des loris vivans, de l'écaille de tortue, et surtout des esclaves. Le prix d'un jeune homme fort et robuste est de dix piastres, et celui d'une femme est d'environ cinquante brasses de toile de Surate. Pour un couteau ou un morceau de ferblanc, les Papous donnaient aux gens de notre équipage une grosse carotte ficelée d'un tabac doux et presque complétement privé de l'odeur nauséeuse qui caractérise celui d'Europe. Quelques naturels nous dirent que leur pays produisait en quantité de la poudre d'or et des perles, dont ils ne nous présentèrent jamais d'ailleurs aucun fragment.

Dans une relâche d'aussi courte durée que le fut celle que nous exécutâmes sur les côtes de la Nouvelle-Guinée, nous n'eûmes point le loisir d'étudier l'influence du climat sur la santé de l'homme; cependant, si l'on peut juger par analogie des affections qui vinrent fondre sur les gens de notre équipage, nous sommes autorisés à le croire malsain. Le hâvre de Doréy d'ailleurs, par le peu d'air qui y circule, par les vases fétides couvertes de mangliers qui l'enceignent, doit être ravagé par les dyssenteries et le choléra-morbus. C'est en effet là que nous puisâmes les germes de ces maladies qui menaçaient de devenir inquiétantes. Les habitans offraient presque tous de nombreuses plaies ou de vieux ulcères, résultats de leurs combats fréquemment renouvelés, et des longues macérations qu'ils éprouvent en séjournant long-temps dans l'eau pour ramasser leur nourriture sur les récifs à demi submergés. La plupart des naturels présentèrent des coups de flèches parfaitement bien guéris; l'un d'eux avait même la jambe coupée, et il était encore fort agile, bien qu'il ne se servît de rien de ce qui aurait pu ressembler à une jambe de bois. Cette lèpre dégoûtante qui ronge la plupart des peuples océaniens, couvre le corps des Papous; on la nomme *barbara* à Doréy et *hanné* à Rony.

Si le règne végétal à la Nouvelle-Guinée est imposant par le luxe et la pompe qui le distinguent, le règne animal est encore plus étonnant peut-être par l'éclat dont la nature a voulu décorer la plus grande partie des êtres qui le composent. Un voile mystérieux avait jusqu'à ce jour dérobé cette magique contrée aux regards des naturalistes, aussi les plus célèbres d'entre eux avaient-ils témoigné le plus vif regret de ce que des expéditions scientifiques n'avaient jamais été dirigées de ce côté. Les relations des anciens voyageurs (1) se bornent à l'envisager sous le rapport hydrographique; et, bien que le voyage de Sonnerat paraisse avoir eu la Nouvelle-Guinée pour but, on sait aujourd'hui qu'il ne s'agit dans sa description que des Moluques orientales. Forest séjourna au hâvre de Dorey en janvier 1775, et ne s'écarta point des détails d'un simple itinéraire. Dampier seul, en 1642, publia quelques descriptions d'animaux qui portent le cachet de son exactitude ordinaire. Quant à Pigafetta, compagnon de Magellan en 1525, il ne parle qu'en passant des oiseaux de Paradis qui en proviennent, et décrit les pieds dont plus tard, afin de rendre leur histoire plus

(1). La première découverte de la Nouvelle-Guinée, ou terre des Papous, est attribuée à Antoine Ambreu et F[s]. Serrano, en 1511.

Nicolas Struick donna une description de la côte septentrionale en 1753, en se servant de noms portugais.

La seconde découverte est celle d'Alvaro de Saavedra en 1527, qui lui donna le nom de Nouvelle-Guinée.

Antonio Urdanetta vit cette terre en 1528.

Orthez de Rotho, envoyé par Ruiz-Lopez de Lobos, de Tidor, en 1543, s'en attribua la découverte.

Schouten et Lemaire y arrivèrent en 1616.

Abel Tasman vit la Nouvelle-Guinée en 1642.

Dampier visitait la côte ouest en 1642.

Guillaume Fumel en 1705.

Roggewin parcourut ces mers en 1722.

Carteret en 1766.

Bougainville en 1766.

Cook (détroit de Torrès) en 1770.

merveilleuse, on voulut qu'ils fussent privés. Valentyn, en compilant ce qui est relatif à Amboine et aux îles environnantes, ne manqua point de recueillir toutes les notions qu'il put se procurer sur la Nouvelle-Guinée, et son histoire des oiseaux de Paradis annonce qu'il eut à sa disposition de nombreux renseignemens. Les seuls oiseaux de proie que nous tuâmes étaient un autour d'une espèce nouvelle que nous nommâmes *falco longicauda*, et l'aigle de Pondichéry à corps marron et à tête blanche. Les passereaux, là comme partout ailleurs, s'offrirent en innombrables légions; et parmi eux nous eûmes occasion de faire plus d'une découverte intéressante, soit dans les espèces, soit dans les genres. Ainsi il nous suffira de citer les cassicans, les choucaris, l'astrapie éclatante, les moucherolles, les brèves, le corbi-calao, les engoulevens, les souï-mangas, les guêpiers, cinq ou six martin-pêcheurs, plusieurs corbeaux et calaos. Le calao à plumage noir et à queue blanche, dont le cou est fauve chez les mâles, est *l'ouando* des Papous; il se nourrit de muscades et de graines aromatiques, de manière que sa chair en contracte une saveur délicieuse : son vol est tellement lourd et pesant, que, placé à une faible distance dans les bois, on croit entendre le souffle précurseur d'un ouragan. Ce bruit paraît être occasioné par l'air qui s'engouffre dans l'action du vol au fond de deux cavités placées à la base du demi-bec inférieur. Les oiseaux de Paradis nous étaient apportés par les Papous en assez grand nombre pour nous faire penser que ces êtres, brillans des plus riches parures, y étaient singulièrement multipliés. Le manucode se présenta deux fois dans nos chasses, et les deux fois nous observâmes les mâles et les femelles accouplés : le plumage du mâle est d'une rare magnificence, celui de la femelle, au contraire, est sans éclat. Les Papous donnent à ce paradisier le nom de *saya*, et il se tient de préférence sur les arbres de teck, dont il recherche les fruits pour sa nourriture.

Les oiseaux de Paradis petits-émeraudes volent avec grâce et par ondulations; les plumes des flancs retombent négligemment pour former un panache gracieux et aérien qui brille dans l'air comme une étoile filante. On ne peut guères avoir une idée exacte de ces volatiles par les peaux desséchées que préparent les Papouas, car l'émeraude en vie est de la taille du geai de France. Les naturels sont dans l'habitude de les chasser pour en obtenir les parures depuis longtemps portées en aigrettes par les Radjahs mahométans des îles de l'est et par les Chinois. Cet oiseau est le *mambéfore* des naturels; ses habitudes semblent tenir de celles des gallinacées, car les femelles nous parurent en bien plus grand nombre que les mâles. Il vit des fruits du teck et d'une sorte de figuier, et son cri ne peut être bien rendu que par les syllabes *woike, woike, woike, woiko*, fortement articulées. Près des oiseaux de Paradis vient encore se placer le beau cassican kéraudren que nous avons pris pour type de notre genre phonygama, et nous observâmes aussi plusieurs espèces de martin-pêcheurs nouvelles, entre autres le genre symé et le martin-chasseur gaudichaud. L'ordre des grimpeurs se compose de coucals, de cacatoës, d'aras microglosses, de perroquets loris, et de perruches de toutes tailles et de toutes couleurs. C'est dans ces forêts que vivent les mégapodes, plusieurs belles espèces de pigeons, entre autres le goura, que les naturels nomment *manbrouke*, le pigeon de nicombar, les tourterelles pampusan et bleu-verdin, etc.; souvent nous rencontrâmes le casoar ou émeu des Moluques, dont les Papous emploient les plumes pour orner leurs lances. Les rivages étaient fréquentés par plusieurs échassiers, tels que des hérons, des crabiers, des pluviers dorés, et par un seul palmipède du genre sterne.

Le hâvre de Doréy est très-poissonneux : on y trouve la plupart des individus des mers de Moluques, et notamment les requins aux ailerons noirs, le diacope macolore, et autres. Les crocodiles bicarénés, les serpens, des tupinambis pullulent dans les bois. Les papillons les plus ornés, les coléoptères les plus rares, apparaissent à chaque pas. On y trouve les coquilles terrestres et fluviatiles les plus estimées, et entre autres les auricules de midas, des scarabes, des mélanies. Ces mers échauffées nourrissent aussi la plupart des testacés qui font les délices des amateurs de collections; et il nous suffira de citer au hasard les casques, les cônes, les harpes, les huîtres marteaux, etc.

Par cet aperçu rapide on doit concevoir de quel intérêt pour les sciences naturelles serait une exploration prolongée de la Nouvelle-Guinée. Cette contrée, ainsi que Bornéo, est destinée à enrichir nos *species* de formes qui font encore lacune dans la série des êtres, telle que nous la connaissons. Nous ne doutons point que ce ne soit de la Nouvelle-Guinée que Quiros ait voulu parler dans son fameux mémoire au roi d'Espagne, lorsqu'il lui peignit comme un nouvel *Eldorado* la riche et vaste île qu'il nomma *la Tierra australia del Spiritu-Santo*, féconde en beaux arbres, en animaux de toutes sortes, et très-productive en or.

Les Papouas des environs du hâvre de Doréy reconnaissent plusieurs races distinctes parmi les hommes établis dans la Nouvelle-Guinée; ainsi ils appellent Endamènes les habitans de l'intérieur, connus en Europe sous le nom d'Alfourous, et se distinguent eux-mêmes en Arfackis ou montagnards, et en Papouas ou riverains. Ces derniers conservent la mode de porter leur chevelure longue et ébouriffée, tandis que les Arfackis l'ont disposée en mèches flexueuses comme les habitans du port Praslin, qu'ils imitent encore en portant un morceau d'os ou de bois passé dans la cloison du nez. Enfin quelques Malais se sont aussi glissés dans les villages des côtes, et se reconnaissent aisément parce qu'ils se coupent les cheveux et qu'ils professent grossièrement les rites de la religion musulmane. Chaque tribu au reste vit dans un grand état d'isolement avec les familles voisines, et leurs relations sont presque toujours hostiles. Un ordre de choses, si contraire au développement des facultés morales, a dû naître par les craintes perpétuelles que les pirateries des Malais ont inspirées le long de toutes ces côtes; car on sait que les Guébéens sont depuis long-temps dans l'habitude de fréquenter le système des îles de l'est qui avoisinent la Nouvelle-Guinée, pour enlever des esclaves ou acheter les prisonniers que les tribus se font entre elles. Nulle différence dans les formes extérieures de l'organisation, dans les habitudes ou même le langage, ne distingue les Papouas des côtes; et cependant l'inimitié la plus violente les divise et leur a inspiré une antipathie telle que, lorsque deux de ces tribus se montraient à bord ensemble, l'une d'elles s'empressait de partir aussitôt. Nous en eûmes de nombreuses preuves lorsque les pirogues de Rony vinrent nous visiter; ce village n'est distant de Doréy que de quatre journées de navigation des embarcations du pays, et se trouve situé au fond du golfe du Geelwing; et déjà les naturels ont des proportions plus robustes, un air plus féroce que les Papous de Doréy. Comme les Alfourous, qu'ils désignent sous le nom d'Endamènes, ils ont adopté l'usage d'un long bâtonnet qui traverse la cloison du nez, et qui imprime à leur physionomie le caractère le plus étrange et le plus repoussant.

Le langage ne peut guères servir à caractériser les peuples issus du rameau nègre polynésien ou papoua. Une barbarie profonde les a isolés, et chacun d'eux a adopté de nouveaux moyens de s'entendre et de s'expliquer. Peut-être aussi que les différences que nous remarquâmes dans la manière avec laquelle ils articulaient les mots tiennent-elles à l'imperfection avec laquelle nous saisissons, pour les traduire dans notre idiome, les sons gutturaux qui les composent. Les Malais sont donc les premiers qui aient travaillé à civiliser les Papouas en se mélangeant avec eux; mais les notions qu'ils leur ont portées n'ont point été de nature à produire un grand résultat, et quelques idées sur les moyens de façonner le fer, et de vagues pratiques de mahométisme, sont le seuls fruits de leurs communications. Comme les habitans de Waigiou, les Papous de Doréy sont donc en grande partie un mélange de Malais et de Papouas, vrais métis analogues à ceux qu'ont parfaitement décrits MM. Quoy et Gaimard, qui reconnaissent l'autorité des radjahs, et se livrent au trafic, surtout à celui des esclaves. Leur taille est généralement petite, grêle même, bien qu'on puisse citer quelques beaux hommes, robustes en apparence, et dont les formes étaient largement développées. L'intensité de la couleur noire de la peau varie beaucoup, et disparaît souvent par la lèpre qui lui prête une apparence de blancheur. La chevelure est très-noire, laineuse, très-fournie, et est d'ordinaire à Doréy disposée en orbe ébouriffé qui donne un énorme volume à la tête, ou bien, comme à Rony, tombe par mèches en tire-bouchons rouges à leur extrémité; ce qui est sans doute dû à l'ocre dont ils la couvrent. Quelques Papous nouent leurs cheveux sur le sommet de la tête en une grosse touffe, tandis que d'autres les partagent en deux flocons sur les parties latérales des joues. Le nez est épaté, mais beaucoup moins cependant que chez les nègres africains: quant aux narines, elles sont longues et dirigées dans le sens transversal. La bouche est largement ouverte et proéminente par l'avancement des deux arcades dentaires; mais le menton est petit et arrondi. Les pommettes se trouvent être saillantes, le front haut et développé, et les arcades sourcillières garnies de poils épais et serrés. La barbe est peu forte en revanche, et on la coupe habituellement, quoique certains individus la conservent sur le rebord de la lèvre supérieure, à l'exemple de quelques Malais orientaux. Ceux qui ne font point usage du bétel ont des dents blanches et saines, tandis qu'elles sont gâtées de bonne heure et corrodées par cet ingrédient que mâchent la plupart des naturels. Lorsque la lèpre n'a point fait ses ravages sur l'épiderme des jeunes individus, leur peau est lisse, huileuse, et par conséquent douce au toucher. Les vieillards sont communément débiles, flétris et couverts de cicatrices: leur démarche circonspecte, leurs mouvemens lents et automatiques, leur regard impassible et calme, offrent un caractère de gravité qui détruit ce que de prime-abord leur extérieur a de repoussant.

Les femmes chez les Papous sont disgraciées de la nature, et beaucoup plus laides que leurs époux. Leur système musculaire flétri, leurs mamelles pendantes, leurs traits hommasses, ne contribuent pas à les rendre agréables à la vue. Les jeunes filles même, celles qui atteignent à peine l'âge nubile, n'avaient rien de cette douceur, de cette suavité de candeur qui partout est le cachet de cette époque virginale; mais elles nous en montrèrent du moins la modestie, en se dérobant avec empressement à nos regards; car leurs époux, leurs pères, professent la jalousie musulmane à un haut degré. Comment se fait-il que le Créateur ait donné aux animaux de ces climats d'aussi riches parures, et qu'il n'ait accordé à l'homme, son image vivante, qu'une enveloppe aussi disgracieuse?

Toutes les relations écrites sur les Papous les ont peints comme des hommes féroces, inhospitaliers, perfidement astucieux, et auxquels il est dangereux de s'abandonner. Des voyageurs modernes s'expriment dans ce sens, et citent des actes d'une sauvagerie hideuse, exercés par les habitans des côtes occidentales et méridionales. Les habitans du hâvre de Doréy et de ses environs, et en général ceux de la partie nord jusqu'au cap de Bonne-Espérance, nous parurent être d'une grande douceur et peu dangereux, plus disposés à fuir les Européens qu'à chercher à leur nuire (1) : nous pouvons affirmer d'ailleurs qu'ils ne nous ont jamais donné le moindre sujet de plaintes, bien que dans nos excursions d'histoire naturelle nous nous trouvassions isolés dans leurs villages au milieu des bois et complétement à leur merci. Si tous les Papous ressemblaient aux individus mélangés au milieu desquels nous avons vécu, l'opinion qu'on s'est généralement formée d'eux serait bien chimérique; mais il est vrai de dire que, plus aguerris et plus confians dans leur bravoure naturelle, ceux du sud de la Nouvelle-Guinée, que nul mélange n'a altérés, ont conservé leur indépendance et leurs mœurs agrestes et incultes. L'état d'hostilité perpétuelle dans lequel ils vivent rend leur caractère défiant et soupçonneux. Jamais nous ne visitions un village avec une embarcation montée par un certain nombre d'hommes, sans que femmes, enfans, vieillards et guerriers, ne prissent la fuite dans leurs grandes pirogues, emportant avec eux leurs meubles et leurs effets les plus précieux. Dix fois le jour, à la même alerte, ils nous donnaient

(1) Cependant les naturalistes de l'expédition de la corvette *l'Astrolabe* sous le commandement de M. Dumont D'Urville, nous ont appris que les Papous de Doréy décochèrent des flèches sur les gens de l'équipage, et blessèrent dangereusement un sous-officier.

l'exemple de ces déménagemens impromptus, auxquels d'ailleurs ils paraissent très-habitués. Nos bons traitemens, nos présens, parvinrent à les séduire et à calmer leurs inquiétudes; nous devînmes de vrais amis; on nous montrait avec complaisance l'intérieur des maisons, tout ce qui pouvait nous faire plaisir en un mot, excepté le logement des femmes. Mais la persévérance, unie à un peu d'adresse et escortée de l'à-propos des présens, nous fit souvent triompher, en dépit de Mahomet et de ses lois, de l'interdit dans lequel gémissaient les recluses. Par leur portrait on doit préjuger quelle triste opinion les Papous avaient de notre goût.

Les familles établies sur le pourtour du hâvre de Doréy ne tarissaient point sur les éloges qu'elles se distribuaient avec complaisance (*orangs dé doréy bangousse*). Les hommes de Doréy sont excellens; mais, en revanche et par compensation, ils nous disaient tout le mal possible des Arfackis, et nous peignaient les Alfourous-Endamènes, comme des hommes très-méchans, se cachant dans les broussailles pour lancer des flèches empoisonnées, et coupant la tête à leurs ennemis. Ce récit ne doit pas être pris à la lettre, quoiqu'il renferme cependant quelque vérité. Une embarcation bien armée, que l'on expédia de la corvette pour lever le plan de la côte, trouva partout les Arfackis timides, irrésolus et fuyant en grande hâte à son approche, sans que les signes d'amitié que les marins leur adressaient fussent parvenus à les disposer à avoir des communications confiantes. Mais cette grande frayeur vient sans aucun doute des descentes fréquentes que font les cororores malais sur les côtes pour y enlever des prisonniers, qui sont vendus dans les Moluques. Les Endamènes, dispersés par familles nombreuses dans des villages palissadés et bâtis sur des pieux élevés, sont redoutables aux Papous du nord, qui n'ont point osé s'avancer dans le sud, et contre lesquels ils font des expéditions fréquentes. Ces Endamènes se peignent le corps avec des poussières rouges et blanches, et se traversent la cloison du nez par un bâtonnet.

La population de la côte orientale de la Nouvelle-Guinée doit être peu considérable. Celle du hâvre de Doréy n'excède pas deux cents à deux cent cinquante individus, répartis en trois villages, formés de soixante cabanes au plus. Cette petite population dépend du sultan d'Emberbakène et est régie par un capitan qui vint nous rendre visite. C'était un petit homme grêle, sans influence sur les autres habitans, et qui pourrait bien avoir joué le rôle de capitan afin de mendier des présens pour son véritable chef, qui, suivant l'extrême prudence de ces peuples, aurait bien pu ne pas se montrer de peur qu'on ne cherchât à l'enlever, ainsi que l'ont fait fréquemment les Hollandais. La protection que les habitans retirent du sultan qui les régit s'obtient par les tributs qu'on lui paye en oiseaux de Paradis et en productions du pays: ils doivent le soutenir dans les guerres qu'il entreprend, et réclamer son secours lorsqu'ils sont attaqués. Le chef qui gouvernait en 1824 se nommait *Fraisinoukou*, et prenait le titre de *korano*. Son pouvoir est délégué à des officiers subalternes divisés en plusieurs classes.

Plus on s'avance dans le nord de la Nouvelle-Guinée, plus les villages se multiplient, car on en compte seize seulement à partir de Rony: on les nomme Sihamisse, Ouari, Kajol, Mounarbourke, Mana, Angar, Losouari, Ousamessaire, Ouarapène, Ouarapé, Kaboo, Ramike, Lasiéi Ouassiore, Kaïbi et Dotéré.

Les demeures des Papous riverains et maritimes sont bâties sur l'eau, dans les rivières, ou sur les plages abritées des vagues de la haute mer. Est-ce afin de se défendre avec plus de succès que les Papous ont choisi ce genre de construction si universellement répandu chez toutes les tribus qui appartiennent à cette race? Sont-ils plus à proximité de fuir dans leurs nacelles lorsque l'attaque a lieu du côté de la terre, ou peuvent-ils se défendre plus efficacement lorsque l'expédition ennemie leur est annoncée de loin et arrive sur eux par eau? Enfin l'influence délétère du climat, et les grandes pluies hiémales qui les inondent seraient-elles pour quelque chose dans cette détermination? Tout porte à croire que les premiers motifs sont les seuls qui leur aient fait adopter ce genre de construction.

Toutes les cabanes rangées sur le bord de la mer, à plus de quarante pas du rivage, ont quelque chose de pittoresque; mais leur architecture est négligée et leur apparence misérable. Obligés de décamper très-souvent, les Papous ne portent presque aucun soin à ces demeures que l'ennemi pille ou détruit, et qu'ils rebâtissent sans beaucoup d'effort. Elles ont toutes la même distribution intérieure, et sont destinées à loger une nombreuse famille : chacune d'elles se compose de deux files d'appartemens que traverse un large corridor, aboutissant, du côté de la mer, à une plate-forme, et du côté du rivage, à une sorte de pont en bois. Plus d'une centaine de branches d'arbres fichées dans le sable, et hautes de quinze à vingt pieds, supportent la maison et les madriers transverses sur lesquels est jeté négligemment ce qui tient lieu de plancher; mais quel plancher! qu'on se figure des branches arrondies prises au hasard, posées sur d'autres branches horizontales, et si peu solides que nous ne pouvions aller dans ces chétives demeures sans trébucher vingt fois, au risque de nous rompre le cou ou de tomber dans l'eau. Le pont est encore plus mal établi, puisqu'il se compose de deux ou trois bûches couchées sur chaque traverse et qu'on enlève la nuit, de manière que les propriétaires puissent être entièrement isolés et dormir en paix. Leur habitude de marcher sur ces bûchettes tremblantes sous les pieds contrastait singulièrement avec notre maladresse. Quelques Papous ont toutefois pris la peine de placer des planchettes ou des morceaux de bois fendus dans le corridor central. Les appartemens qui le bordent sont divisés en une foule de petites cellules d'une insigne malpropreté, consacrées aux divers services de la famille. La plus grande sert de cuisine, et n'est remarquable que par un plateau qui supporte un foyer au milieu, la fumée s'échappe par les cloisons comme elle peut : quelques poteries grossières ornent cette boucanière. Les autres appartemens sont destinés aux femmes. Celui du chef de famille est généralement le plus orné : une natte en vaquois étendue sur le plancher sert de lit pour le sommeil, et de sofa pour le jour; quatre autres nattes de même tissu, grossièrement cousues, mais vivement peintes en rouge et en noir, servent de tenture, et tapissent les côtés de ce grotesque boudoir. Derrière cette chambre de luxe est le gîte des dieux de la famille, consistant en idoles sculptées recouvertes de guenilles sales et puantes.

Les cloisons des maisons sont faites en lattes de bambou et leur toiture en feuilles de pandanus. Chaque village a sur son territoire plusieurs trous dans lesquels les habitans vont puiser de l'eau douce. Ces maisons, exposées sur l'eau, sont fraîches dans leur intérieur, et doivent être saines; il est fâcheux que, par l'insouciance de leurs propriétaires, elles soient si malpropres et construites avec si peu de soin.

Le village de Doréy n'avait point d'habitans pendant notre séjour; peut-être notre voisinage les en avait-il chassés. Quelques naturels nous dirent qu'il n'était destiné qu'à recevoir les Papous étrangers du nord lorsqu'ils viennent commercer avec les navires chinois, malais ou européens qui mouillent de temps à autre sur cette partie de la côte. Nous vîmes effectivement tous les naturels qui venaient de loin s'y instaler pour y faire leur commerce avec nous, puis retourner paisiblement dans leur district. Ce village serait alors une hôtellerie destinée au premier occupant.

Masmapi a une population assez nombreuse et une trentaine de cabanes également sur la mer. Le rivage de l'île Manasouari est garni de cocotiers, tandis que son plateau offre des plantations et est recouvert d'arbres magnifiques. On y observe à profusion l'amaranthine (*gomphrena globosa*) et la belle poinciade. Plusieurs espèces de pimens y viennent spontanément. Le petit village de Masmapi est plus particulièrement occupé par des pêcheurs. En traversant cette île on trouve diverses plantations de taro (*arum esculentum*). Les cotonniers et les ricins y sont communs, et on y voit quelques-uns des tombeaux élevés par les naturels.

Tels sont les principaux villages du hâvre de Doréy; quelques autres demeures éparses ont été abandonnées à la suite de guerres toutes récentes. Les Arfackis, ou montagnards, ont une manière de se loger encore plus extraordinaire peut-être que celle adoptée par la population riveraine. Dans une excursion que nous fîmes dans l'intérieur, nous nous reposâmes dans deux mai sons d'Arfackis, situées dans la montagne à deux milles de Doréy. En débarquant sous les bouquets des cocotiers de ce village, on trouve, vis-à-vis de la dernière cabane, un joli sentier bien tracé qui conduit, à travers mille détours, au milieu de beaux arbres, au pied d'une haute colline madréporique recouverte d'une couche épaisse d'un humus éminemment végétatif. Divers grands arbres, dont les troncs gisent sur le sol, servent de ponts pour franchir les crevasses du terrain. Au pied de la petite chaîne sont de nombreuses plantations de bananiers, de patates douces et d'ignames. Les herbes les envahissent, car les naturels se donnent peu de soins pour les détruire. Le chemin s'élève assez brusquement; les plantatations se multiplient : on traverse alors un carré palissadé, et sur l'arête de la montagne est placée la demeure du Papou montagnard. Cette cabane n'est abordable que par un point, et quoique la nature l'ait fortifié, l'instinct ou la défiance des habitans les a fait construire sur le sommet d'un grand nombre de pieux hauts de vingt à vingt-cinq pieds. Ces cabanes aériennes sont donc inabordables, à moins d'employer pour y monter une tige de bambou entaillée qu'on retire en haut chaque soir. De cette manière les habitans dorment en paix et peuvent se défendre avec avantage s'ils sont attaqués, sans redouter d'être surpris à l'improviste. Ces maisons suspendues en l'air sont beaucoup plus petites que celles bâties sur l'eau, mais leur distribution est la même. On y entre par une très-petite porte; le plancher n'en est pas plus solide ni mieux fait. Une sorte de balcon a été pratiqué du côté opposé à l'entrée, et il donne sur le versant roide de la montagne, qui a dans cet endroit plus de cinquante pieds d'élévation à pic Comme la bâtisse tremblait sous nos pieds, nous avouerons que ce n'était pas sans crainte de passer à travers le plancher que nous marchions dans les divers appartemens de cette aire humaine. Lorsque nous arrivâmes à la maison, les habitans en sortirent précipitamment, s'armèrent de leurs flèches, et firent mine de vouloir défendre le passage en menaçant de tirer. Quelques présens et le mot *baté* leur inspirèrent des démonstrations plus amicales; ils nous reçurent alors avec une sorte d'empressement, et nous offrirent des patates rôties sous la cendre. L'un d'eux nous accompagna dans la montagne, près d'une source très-fraîche qui coule en abondance dans une ravine. Notre guide poussa un grand cri, auquel répondirent d'autres Papous. C'était sans doute une sorte de mot d'ordre, car nous nous vîmes bientôt entourés des naturels. A quelques pas sur une hauteur était aussi leur cabane perchée comme la première sur de nombreux poteaux; à un signal que fit le propriétaire, nous vîmes des femmes se cacher avec empressement, mais en mettre davantage encore à nous considérer à travers les fentes des cloisons. Le bas des piliers qui supportaient la cabane était enclos comme un parc jusqu'à hauteur d'homme, et servait à retenir quelques cochons élevés en domesticité, et dont l'espèce sauvage existe dans les bois.

Ces naturels mettent le feu aux arbres lorsqu'ils veulent déblayer quelques portions de terrain. Ils entretiennent la combustion qui doit consumer les troncs qui sont tombés sur le sol; ils y plantent ensuite des patates, des haricots, du maïs et surtout une espèce de millet qu'ils aiment beaucoup, de même que des bananiers, des papayers, des courges et quelques arbres à pain. Nous suivîmes quelque temps le sentier qui serpente sur le plateau de cette haute colline, malgré les instances que les habitans faisaient pour s'y opposer. Nous avons su depuis que ce sentier conduisait à un village établi sur la côte en face de Doréy; nous rétrogradâmes à la grande satisfaction de nos guides, qui se montraient d'une singulière adresse pour découvrir des insectes ou trouver, au plus épais des broussailles, le gibier que nous abattions.

Les Papous mélangés et hybrides, dont l'aspect est si misérable et prévient si peu en leur faveur, se composent d'hommes libres et d'esclaves. Ceux-ci, enlevés par trahison ou par surprise aux tribus voisines, servent dans les maisons, sont occupés à préparer la nourriture de leurs maîtres, sont adonnés à la pêche et à tous les travaux les plus rudes. A chaque instant ils peuvent changer de propriétaire, et cet état leur semble tout naturel : mais ils sont généralement traités avec douceur, c'est-à-dire que leur esclavage n'est point rendu plus pénible par des mauvais traitemens. Peu de temps avant notre arrivée les habitans de la côte du nord-est avaient dirigé une expédition contre la population d'une petite île située dans le détroit de Dampier, en avaient massacré les guerriers, et réduit en esclavage quelques individus des deux sexes. Un de ces insulaires, que nous avons eu occasion de voir, portait sur sa physionomie les traces les plus apparentes d'un chagrin violent et concentré.

Les habitans de Manasouary ont souvent de vives alertes. Lors de notre séjour, quelques pirogues éloignées, mais armées, arrivèrent de la grande terre, en doublant la pointe du sud, pour commercer avec nous. Les Papous de Doréy les prirent pour les pirogues d'Alfourous ou d'Endamènes, parce qu'elles avaient des voiles blanches : ils poussèrent de grands cris, et s'assemblèrent en tumulte, en s'armant d'arcs et de flèches ; et, pendant ce temps, les femmes et les enfans s'embarquaient dans les pirogues, avec les vivres et leurs effets les plus précieux. Au bout de quelques minutes les craintes se dissipèrent. Cette scène remarquable se renouvela plusieurs fois; car ceux qui se trouvaient à bord de notre navire s'enfuyaient au plus vite en exprimant par leurs signes qu'il ne s'agissait de rien moins que d'être tués s'ils étaient pris par les Alfourous. Du reste, les Papous de Doréy nous montraient avec orgueil, et comme trophée, une douzaine de crânes des hommes de l'intérieur qu'ils avaient tués dans une attaque de ce genre. Ces crânes, bien conservés, étaient suspendus à la partie extérieure des maisons. L'occasion était trop belle pour être négligée : aussi la veille de notre départ nous enlevâmes pendant la nuit ces crânes, dont nous avons donné la description anatomique dans la zoologie de la *Coquille*.

La plupart des Papous portent les traces indélébiles des attaques, des embûches qu'ils se tendent réciproquement de tribu à tribu. Il en est peu qui n'aient des cicatrices de blessures faites par les flèches qu'ils lancent avec une merveilleuse adresse. Quelques-uns en ont le corps couvert. Aussi un Papou est tellement habitué à combattre à chaque instant de sa vie, qu'il ne fait pas un pas sans avoir avec lui une provision considérable de flèches renfermées dans un carquois de bambou, et au moins deux arcs tendus. Le pêcheur, qui seul dans sa frêle pirogue darde le poisson, n'oublie jamais ce moyen de protection. Toutes les embarcations qui venaient commercer le long de la corvette en avaient des provisions considérables, dont elles ne vendaient que le superflu. Il est étonnant que quelques Papous n'aient pas cherché à se procurer des armes à feu et des munitions, bien plus efficaces que le genre d'armes dont ils se servent; mais on voit au contraire qu'elles leur font peur, et il en est peu qui osent tirer un fusil. Il n'est pas probable, au reste, que cette habitude de se faire suivre par un attirail de guerre ne soit qu'un vain simulacre; il faut nécessairement que la crainte et le besoin de s'en servir leur en fassent une loi.

Les Papous sont entièrement nus, ils couvrent seulement les parties naturelles par une étroite feuille de bananier. Le maro des femmes est un peu plus large, et se compose d'un morceau de toile bleue de surate, sur laquelle elles ajoutent une ceinture rouge de même étoffe. Quelques Mahométans entourent leur tête avec des mouchoirs qu'ils obtiennent en échange de leurs marchandises, et qu'ils disposent en forme de turban. Ceux qui portent des chemises et des caleçons sont des trafiquans habitués à naviguer dans les Moluques ou sur les côtes, et qui s'intitulent du nom de capitans. Les Papous ne se servent guères, pour s'abriter de la pluie, que de nattes de vaquois et de chapeaux faits à la chinoise avec ces mêmes feuilles. Quelques-uns de ces chapeaux sont artistement travaillés et ornés de couleurs très-vives se nuançant en dessins réguliers embellis par des morceaux de talc. Les Papous, du reste, font peu de cas des étoffes, à moins qu'elles ne soient légères et surchargées de peintures dans le goût chinois. Ils préfèrent à tout les piastres et même une seule à plusieurs brasses de toile. Les Malais leur ont sans doute donné ce désir effréné qu'ils manifestent pour l'argent, car ils estiment presque à son égal le fer-blanc, qui lui ressemble. Ces deux métaux servent à leur parure; ils en font des anneaux, dont ils s'entourent les bras et les avant-bras. Certains naturels portent au poignet des bracelets d'argent massif, dont la valeur est de plusieurs piastres : ils sont arrondis, cannelés, chargés de quelques dessins, et ne forment que deux tiers d'un cercle afin de pouvoir être placés et ôtés à volonté. Les Papous recherchent en général les objets qui peuvent servir aux décorations; ils portent, comme les naturels de la Nouvelle-Irlande, des bracelets en ivoire (1), qu'ils nom-

(1) Ces bracelets sont absolument identiques, par la forme, à ceux qu'on trouve passés dans les bras des momies égyptiennes.

ment *sanfar*. Comme eux encore ceux des districts plus sud se percent la cloison du nez, et y placent un petit bâtonnet. Le meuble d'une indispensable nécessité pour tous est un grand peigne en bambou ou en bois qui s'enfonce dans la chevelure et qu'on enjolive avec des dessins, des morceaux de nacre, ou de longues plumes qui flottent sur la tête. Quelques habitans avaient l'extrémité de ce peigne terminée par une tête très-bien exécutée en petit, et recouverte aussi d'une chevelure hérissée; ils portent communément suspendus au cou des morceaux de bois enveloppés de guenilles, qu'ils regardent comme sacrés : ils les nomment *aa*, et croient fermement, lorsqu'ils ont marmotté quelques paroles et fait un simulacre qui approche du signe de la croix des catholiques, que ces idoles (car ils leur donnent parfois la physionomie humaine), jouissent de la propriété de les garantir des coups de leurs ennemis, ou de les guérir promptement. Ces amulettes paraissent être l'objet d'une sorte de vœu lorsqu'ils se trouvent dans quelque position périlleuse, et ils ne les abandonnent jamais par la suite.

Les Papous emploient aussi le tatouage, qu'ils nomment *panaya* ; il ne se compose que de traits légers, peu apparens sur leur peau noire. Ce sont généralement quelques lignes sur le front et sur la poitrine. Les femmes sont beaucoup plus tatouées que les hommes, et se couvrent le visage, les seins et les épaules de marques légères et délicates. L'usage de mâcher le bétel est peu répandu, et n'est familier qu'aux descendans des Malais; mais ce qui est généralement suivi par tous les Papous indistinctement, et ce qui est propre à la race nègre océanique, c'est l'usage de faire naître des cicatrices en relief sur la poitrine et sur les bras. Les petits garçons et les filles qui n'ont pas atteint l'âge de puberté vont dans un complet état de nudité.

Ces naturels ne savent préparer aucune étoffe: celles qu'ils ont leur viennent des trafiquans indiens. Ils achètent leurs maros aux Arfackis, et leurs toiles aux Malais et aux Chinois. Leur seule manufacture ne consiste qu'en nattes de feuilles de pandanus, qu'ils découpent le plus souvent avec beaucoup d'adresse (1); d'ailleurs, indolens et paresseux, sans industrie perfectionnée, les Papous vivent dans une profonde apathie, et n'ont conservé que les procédés dévolus aux femmes de fabriquer de la poterie. Ces pots de terre sont aussi bien faits que ceux des potiers d'Europe, et

(1) Ces nattes sont remarquables par la vivacité des couleurs qu'ils emploient pour les teindre. Le rouge et le jaune ont de l'éclat; le noir est fourni par un petit fruit arrondi et aggloméré de leurs forêts.

on emploie à leur confection une argile grise très-ductile qui est pétrie avec soin et débarrassée de toute impureté. A l'aide d'un caillou arrondi l'intérieur est façonné, puis l'extérieur, qu'on recouvre de quelques légers dessins. Ces vases sont ensuite exposés au soleil où ils durcissent suffisamment, et leur cuisson est quelquefois obtenue à l'aide d'un feu clair de bûchettes taillées exprès. Cette poterie se nomme *ourène*.

Les Papous ont un goût particulier pour tailler le bois, le façonner en idoles, qu'ils placent sur leurs tombeaux ou dans leurs maisons. Le devant de leurs pirogues est même ordinairement chargé de sculptures d'un goût singulier et grotesque; leurs oreillers (1), comme ceux des Papous de l'île d'Ouarido, sont en bois dur travaillé avec soin.

Les meubles d'un usage journalier sont peu nombreux et attirent l'attention plutôt par l'enfance de l'art qui a présidé à leur confection que par leur élégance. Ils consistent en poterie de terre pour cuire les alimens, en vases de bois pour les servir, en bambous dont les cloisons noueuses sont perforées pour contenir une certaine quantité d'eau, en nautiles qui servent de

(1) Ces oreillers, sur lesquels sont souvent sculptées des têtes grossières de sphynx, sont trouvés tous les jours sous les têtes des momies d'Egypte; cette analogie ne peut être due au hasard.

verres pour boire, en paniers ou en sacs en paille coloriés et tressés pour contenir les vivres secs, surtout les légumes. Des parures bizarres et grossières occupent les endroits apparens de la cabane et servent sans doute à des époques intéressantes, soit pour quelques cérémonies religieuses, soit dans des danses ou pour des jeux. L'ornement qui nous a le plus frappés est une calotte surchargée de rosaces et de fleurs artificielles de diverses couleurs imitant des fleurs de lys, et analogues aux couronnes des cérémonies religieuses de la Fête-Dieu chez les catholiques romains. La même forme, la même disposition, le même goût, ont présidé à leur confection; et si l'on joint à cela un véritable signe de croix que les naturels pratiquent avec les amulettes qu'ils suspendent au cou, la connaissance d'un Dieu bon et celle d'un mauvais esprit, un grand respect pour les morts et pour leurs tombeaux, on sera tenté de reconnaître dans ces coutumes quelques-unes des pratiques des Abyssins qui professent le christianisme. Quant aux vrais Papous, ils paraissent être idolâtres dans toute l'acception du mot, quoique pendant notre séjour nous n'ayons pu pénétrer aucune de leurs pensées sur la religion ou sur quelques-unes de leurs coutumes aux époques marquantes de la vie.

Le seul instrument de musique que nous ayons

vu est le tamtam, sorte de tambour très-répandu parmi les peuples de race nègre. Sa forme est analogue au tamtam des habitans de la Nouvelle-Irlande. C'est un cylindre creux d'une seule pièce, s'amincissant à une extrémité, et chargé de quelques petits enjolivemens. Une peau de lézard est tendue sur la plus large ouverture, tandis que celle opposée en est privée. Ils frappent sur cette peau vibrante avec la main, et s'accompagnent de la voix. Mais, comme le caractère de ce peuple est mélancolique, sérieux, livré à la défiance, un seul naturel voulut bien nous donner un léger échantillon d'un talent qui n'avait rien de bien séducteur. Rarement les Papous ont le sourire sur les lèvres ou se livrent à la joie : leur physionomie conserve toujours quelque chose de la crainte et de la barbarie qui resserrent leur âme en la flétrissant.

Les femmes sont chargées des plus rudes travaux; plusieurs fois, lorsque nous visitâmes le village, nous les avons vues occupées à fabriquer des vases, porter des fardeaux, aller chercher de l'eau, faire la cuisine. Elles accompagnent leurs maris à la pêche; elles nagent dans les pirogues, quelques-unes vinrent le long de la corvette; mais leurs époux, lorsqu'ils y étaient montés, les renvoyaient, et forçaient ces malheureuses à pagayer pendant une demi-journée à deux encâblures du navire, afin d'éviter tout contact avec nos matelots.

Les femmes ne sont considérées que comme des créatures d'un ordre inférieur, et, lorsqu'elles meurent, elles sont enterrées simplement aux pieds de leurs époux, n'ayant sur leur sépulture qu'une petite idole et quelques poteries ébréchées, tandis que le tombeau des hommes est fait avec beaucoup plus de soin, et se compose d'une charpente recouverte d'un toit de vaquois, bordée de rampes en bois travaillées à jour. Plusieurs idoles recouvrent le sol, qui est gratté avec soin, et divers morceaux d'étoffe, flottant au bout d'un bâton, servent d'étendards. Nous ne vîmes toutefois cette dernière décoration que sur une sépulture de la petite île de Masmapy.

La polygamie est autorisée par les mœurs des Papous, et quelques-uns ont puisé avec les Malais des idées très-grossières de mahométisme. Leur religion semble être un mélange de fétichisme et d'idolâtrie, accompagné de rites superstitieux et aveugles unis à des idées assez nettes sur la résurrection des âmes, sur une vie éternelle et heureuse. Le grand respect qu'ils portent aux mânes de leurs parens et de leurs amis, le soin qu'ils ont de leur sépulture, ne peuvent découler que de la consolante pensée d'une vie future. Les idoles qu'ils conservent avec soin, et dans leurs maisons, sont l'objet de leurs invocations et de leurs prières, et peut-être en ont-ils qui représentent le génie du mal et le dieu éminemment bon et bienfaisant. Il nous serait difficile de pouvoir pénétrer dans quel but ils ont élevé l'idole que nous avons apportée, et qu'on voit aujourd'hui au Muséum. Cette idole était conservée avec soin dans une petite loge secrète d'une grande cabane, et représente un homme assis, haut de deux pieds. La tête est un plateau de bois sur lequel on a posé un crâne humain entier et bien conservé, ayant, pour remplacer les yeux, des morceaux de nacre taillés en rond et des couches de mastic pour simuler les chairs de la face. Cette pièce singulière doit rappeler quelques idées mystiques dont rien ne peut nous déceler le sens. Cette sculpture était entourée d'idoles plus petites, et toutes étaient revêtues de morceaux de linge enfumés. Il reste à savoir si c'est le crâne d'un aïeul ou d'un père que la famille vénérait et dont elle chérit la mémoire, ou si c'est un holocauste offert à Moloch dans la possession du crâne d'un ennemi mis à mort! Les Papous, en effet, croient-ils priver leurs adversaires d'une vie heureuse lorsqu'ils exposent leurs têtes sur les perches de leurs maisons? ou n'en font-ils qu'un trophée qui doit menacer d'un pareil sort quiconque tenterait de les attaquer? Quelques-unes de ces hideuses coutumes se retrouvent dans les grandes îles de la Sonde et des Moluques.

L'abondance des vivres rend la vie des Papous de Doréy aisée et facile; leur aliment principal est le sagou, qu'ils cuisent sous forme de pains aplatis et carrés, ou bien encore dans des feuilles. C'est aussi de cette dernière manière qu'ils préparent les poissons, dont la chair acquiert par ce procédé une grande délicatesse; ils sont encore dans l'usage de boucaner et sécher les chairs des animaux, celles des squales et des holothuries. Ils ont la même méthode que les habitans de Waigiou de ne cuire les alimens principaux que par la chaleur qui se dégage d'un foyer au-dessus duquel ils les placent. Ils soumettent à l'ébullition les pois, les haricots, qu'ils cultivent pour leur provision de réserve, ainsi que le maïs et le millet. Ils font rôtir sous les cendres d'excellentes patates, les ignames et les taros. Les Papous allument le feu avec beaucoup de prestesse par le frottement d'un morceau de bois sur un bambou. Ils ont de longues torches de résine de dammara pour s'éclairer; et lorsqu'ils naviguent dans leurs pirogues, ils ont toujours un tison bien enflammé pour allumer leurs cigarettes roulées dans une feuille de vaquois, dont ils font une grande consommation, car ils fument presque constamment. Ces peuples font trois repas; ils dorment après celui du milieu du jour. Chaque repas est très-long et se termine par des sortes d'ablutions, ces naturels ayant soin de se laver la bouche et les mains. Ils ne boivent que de l'eau pure. Plusieurs de ceux qui ont eu des relations avec les Européens demandaient des liqueurs alcooliques, dont ils avalaient de grands verres d'un seul trait; mais la plus grande partie ne voulait point en goûter, et redoutait surtout l'ivresse qui en est la suite.

C'est le seul peuple auquel nous vîmes manger, non pas la chair des cocos, mais bien le brou qui enveloppe la noix. Lorsque les cocos sont jeunes, ce brou a en effet le goût de la tige d'un chou d'Europe.

De cette vie animale et naturelle les Papous, comme tous les hommes stationnaires dans leurs idées, ont acquis une très-grande adresse, des sens très-perfectionnés, un instinct animal très-étendu, tandis que la civilisation a fait perdre ces avantages à l'homme social en lui faisant acquérir un plus grand développement de l'entendement et du savoir. Leur vue est perçante, et leur main, suivant le mouvement de l'œil, lance des javelines à trois pointes qui, décrivant une légère parabole, frappent le poisson à une notable distance. Des Papous nous firent très-souvent juger de leur adresse autour du navire en se livrant à ce genre de pêche. Ils se servent aussi de diverses sortes de filets et de nattes : mais ils emploient pour les poulpes le même genre d'instrumens en cloches et avec des branches épineuses que nous avons vus très-communs dans les mains des naturels de la Nouvelle-Bretagne. Ils nagent très-bien et long-temps, et plongent pour chercher des coquilles. Ils ont l'habitude de rester ainsi sous l'eau, et y demeurent plus que ne le pourrait faire un nageur européen. Nous avons vu un Papou s'enfoncer à plus de soixante pieds et détacher les filets de nos pêcheurs pris dans les coraux.

Leurs armes sont des flèches et des javelines en bois très-dur, dont l'extrémité est armée d'un bambou aiguisé et taillé en fer de lance, au-dessus duquel pend un gros flocon de plumes de casoar; mais l'arme sur laquelle les Papous comptent le plus est la flèche, qu'ils portent toujours avec eux par paquets qui en contiennent des centaines. Les unes, ce sont les ordinaires, n'ont qu'une pointe de bois aiguë; les autres ont aussi des morceaux de bois dur qui sont très-soigneusement barbelés et aiguisés, dont la blessure est dangereuse. Les plus grandes sont garnies de lames en os ou de pointes d'os diversement taillées ou aiguisées. Leurs tiges sont ornées de divers dessins exécutés par le moyen du feu; ils enveloppent les extrémités pointues avec une résine rouge. Quoiqu'il faille beaucoup de temps pour fabriquer ces flèches, ils les vendent pour peu de chose, et paraissent avoir des esclaves occupés à ce seul travail. Leurs arcs sont en bambous, et la corde en rotang. Quelques arcs plus soignés sont en bois dur et simple, et cerclés de distance en distance. Les Papous ont un coup d'œil juste, et leurs flèches frappent le but à une grande distance, ou, lorsqu'il est petit, elles en passent très-près. Quelques arcs plus minces et des flèches faites avec des rachis de folioles de latanier sont employés à la chasse des oiseaux précieux. Ils vont alors les attendre la nuit sur les arbres qu'ils fréquentent et ils les tirent de très-près.

Les Papous des bords de la mer aiment la navigation, ils s'y livrent d'autant plus volontiers qu'ils peuvent se procurer par elle un accroissement en vivres, et qu'elle assure en même temps leur indépendance contre les attaques des habitans de l'intérieur. Leurs pirogues longent les côtes que baigne une mer ordinairement calme et paisible; ils vont de point en point trafiquer avec les tribus amies. La grandeur de leurs pirogues varie : il en est de très-petites, destinées à un seul homme. Celles qui servent aux voyages lointains peuvent recevoir dix voyageurs avec un approvisionnement considérable en vivres, en eau et en objets de commerce. Ces pirogues à légère plate-forme au centre ont deux balanciers, sur lesquels sont des traverses où reposent les mâts avec leurs voiles et leurs agrès. Un seul tronc d'arbre creusé sert à leur construction, et ils en font de très-grandes avec les arbres gigantesques qui peuplent les forêts. Une de celles qui vinrent le long du bord avait plus de soixante pieds de longueur, et nous admirâmes la taille du géant végétal dont elle était extraite. Chaque village possède quelques cocorocores plus grands, recouverts d'un toit de feuillage et formés par des bordages assemblés et enduits de résine; les voiles sont le résultat de lisières de vaquois grossièrement assemblées. Les pagaies ne diffèrent point de celles de Waigiou. Les Papous renferment, lorsqu'ils sont en voyage, leur provision d'eau douce dans des bambous, et relâchent au premier endroit venu de la côte pour faire leur repas et l'y préparer.

Le goût des Papous de Doréy les porte vivement au commerce; ils savent adroitement tirer parti du désir qu'on manifeste de l'objet qu'ils possèdent. Leur patience est à toute épreuve; leur ténacité pour obtenir un prix qu'ils convoitent ne cède devant aucune considération. Leur indécision est rebutante, et souvent ils n'ont aucune idée de la valeur de ce qu'ils possèdent; pour un oiseau de Paradis comme pour un panier de pois ils demandent indifféremment une piastre.

Ils aiment l'argent avec une sorte de fureur, et donnent le second rang au fer-blanc coupé par lanières, ou aux rasoirs. Les grands couteaux dont ils se servent, qu'ils estiment beaucoup, viennent des Moluques, surtout de Ternate, et sont des sortes de hachettes qu'ils emploient utilement dans leurs constructions et même comme moyen de défense. Ils reçoivent avec plaisir du linge et des toiles de coton rouges et bleues à larges carreaux, des petits miroirs, des vases en verre, des mouchoirs rouges; mais ils ne font aucun cas de nos haches, des outils de fer, des scies, etc., dont ils ne savent point se servir.

La langue des Papous riverains, dont il est question dans cet article, est depuis long-temps corrompue par l'introduction de mots malais; car plusieurs naturels parlent très-bien cette langue qui s'est répandue dans toute la Polynésie, et qui est indispensable pour naviguer et voyager au milieu des îles de cette partie du monde. Ce motif nous a empêchés de chercher à former un vocabulaire. Ce qui nous a paru remarquable est cette variation continuelle de mots entre les habitans des districts voisins, variations dont on pourrait difficilement se faire une idée.

DE L'ILE DE WAIGIOU

OU

OUAIGIOU ET OUARIDO.

Non vide il modo si leggiadri rami
Ne mosse'l vento, si verdi frondi.
(PÉTRARQUE.)

C'est là que la nature, et plus riche et plus belle,
Signale avec orgueil sa vigueur éternelle;
C'est là quelle est sublime!....
(SAINT-LAMBERT.)

L'HOMME est constamment influencé par le sol qui l'a vu naître, et se trouve modifié dans ses habitudes par les besoins qu'il y éprouve ou par les ressources qu'il s'y procure; mais aucune race humaine ne présente d'une manière plus frappante peut-être que la nègre ces modifications profondes dues à l'action prolongée du climat et des besoins physiques. Les peuples à peau noire qui ont été répandus sur la plupart des îles de la Polynésie, et qui vivent encore sur un très-grand nombre d'entre elles, sont, on peut le dire, presque inconnus. Les notions publiées sur leur conformation, sur leurs habitudes, se réduisent à quelques renseignemens tronqués, presque toujours incomplets, vagues ou remplis d'erreurs. Nous entrerons donc à l'égard de ceux qui appartiennent à la race des Papous et qui vivent sur les plages de l'île de Vaigiou, dans quelques détails grécédés de généralités sur les productions naturelles du sol qui les a vus naître.

L'île de Waigiou, placée au nord de la Nouvelle-Guinée, fait partie de l'ensemble des îles connues sous le nom de terre des Papous. Ses habitans sont un mélange de Malais purs et de métis provenant du croisement des Malais et des Alfourous. Les vrais indigènes, sont dit-on, relégués dans les montagnes, où ils vivent isolés et sans communication avec les riverains qui les nomment Alfourous. Le nom de Waigiou a été orthographié de bien des manières, et presque toujours on n'a tenu aucun compte de la prononciation des naturels : ce nom, d'ailleurs, n'est jamais donné à l'île entière, mais seulement à sa partie boréale; car la portion méridionale est appelée Ouarido, et, pour rendre en français le son que les indigènes articulent, il faudrait écrire Ouarighio. Cette île avait déjà été visitée par plusieurs navigateurs européens. Forest s'y présenta le premier en 1775 : plus tard elle reçut les navires envoyés à la recherche de l'infortuné La Pérouse, sous le commandement du général d'Entrecasteaux; enfin la corvette l'*Uranie*, montée par M. de Freycinet, et la *Coquille*. La latitude de la baie d'Offack, presque directement placée sous l'équateur, se trouve être par une minute 46 secondes S., et par 128 degrés 22 minutes 39 secondes de longitude orientale. Montueuse au centre, couverte de vastes marécages sur ses bords, l'île de Waigiou, placée directement sous l'équateur, éprouve des chaleurs énormes qui ne sont tempérées dans leurs effets que par des pluies abondantes condensées par les sommets des montagnes, sans cesse enveloppés de nuages. Ces averses se renouvellent plusieurs fois dans le jour avec une force dont il est difficile de se former une idée dans les régions tempérées, et cessent avec la même rapidité qu'elles sont venues. Il paraît que la plus grande partie de la population réside non loin de l'île Rawack : mais à peine existe-t-il trois ou quatre cabanes sur les bords de la baie d'Offack, baie qui se divise en plusieurs bras de mer considérables présentant eux-mêmes un grand nombre de petits hâvres. Les vents qui règnent pendant le mois de septembre soufflent le plus ordinairement de l'ouest et plus spécialement du S.-O., du S.-S.-O., et de l'O.-S.-O. Le milieu de la journée est ordinairement marqué par des calmes parfaits : une seule fois nous ressentîmes une forte brise du nord, qui ne dura que quelques instans; la surface de la baie fut toujours unie. Le baromètre se maintint ordinairement à 28 pouces 0,4, et monta une seule fois à 28 1/2 ; le thermomètre centigrade donna pour maximum 31 degrés, et ne descendit jamais plus bas que 27 à midi et à l'ombre. La température de l'eau ne variait dans la nuit de celle du jour à midi que d'un degré en moins, et était de 29 à 28 degrés; l'hygromètre à cheveux oscilla de 104 à 106, et ne donna 96 qu'une fois. Nous n'eûmes que quelques jours exempts de pluie : le plus ordinairement les grains, en passant sur diverses parties de l'île, tombaient avec violence l'espace de deux ou trois heures; puis le ciel paraissait de l'azur le plus pur. Toutefois, le sommet de la montagne nommée la Corne de Buffle était presque toujours enveloppé de masses épaisses de nuages, et les vapeurs qui s'élevaient des gorges de ce mont tourbillonnaient au-dessus des arbres comme de la fumée.

Les rivages du port d'Offack reçoivent un grand nombre de petites rivières qui sont alimentées par d'abondantes sources : quelques-unes de celles-ci descendent de la cime des montagnes ou des ravines en formant des cascades très-élevées. La mer remonte assez loin dans quelques-unes de ces rivières, dont les bords sont très-limoneux. Les Papous bâtissent les cabanes sur leur cours, sans redouter les crocodiles qui les habitent; ils se servent de les embranchemens pour communiquer entre eux à l'aide de leurs pirogues. Tout le littoral de Waigiou, malgré l'épaisse végétation qui le recouvre, n'est qu'un marécage fangeux où croissent de hauts palétuviers: la profonde humidité et les miasmes délétères qui règnent dans ces lieux y font éclore de nombreuses maladies qui ne manquent point de sévir contre les Européens, et qui portent aussi leurs ravages sur les naturels.

La formation rocheuse de l'île de Waigiou est remarquable; elle s'éloigne tout-à-fait du caractère de celle de la Nouvelle-Irlande, au moins sur ses rivages: car le terrain flanqué sur le pourtour du Port-Praslin est d'un calcaire madréporique dur avec des coquilles et parfois des grains spathiques, tandis qu'on n'en observe aucune trace à Waigiou, ou du moins sur la côte nord, et dans la baie d'Offack. Cette île, par sa position comme par les bouleversemens successifs dont elle offre des traces à chaque pas, a dû appartenir aux grandes masses de terres situées sous l'équateur, et qui composaient avec les Moluques et la Nouvelle-Guinée un tout continu jusqu'à la Nouvelle-Hollande. Cette idée, du reste, n'est qu'une supposition : mais les faits les plus positifs prouvent que la surface entière de Waigiou a été torturée par des éruptions volcaniques dont les débris, bien que voilés aujourd'hui par une végétation pompeuse, se montrent en abondance. D'ailleurs on ne saurait méconnaître cette formation en observant les aiguilles basaltiques de Poulo-een et des nombreux îlots qui saillent çà et là du sein de la mer comme des colonnes prismatiques, et sur le sommet desquels croissent en abondance des bouquets verdoyans et touffus. Les roches à nu ne se montrent parfaitement bien que dans la passe haute et étroite qui sert d'entrée au port d'Offack. Là ces roches, déchiquetées par le temps, affectent des couleurs noirâtres mélangées de veines rouges; mais elles sont surtout à découvert dans une petite île placée au milieu de la baie, et que nous nommâmes *l'Ile aux Tombeaux*. Partout la nature de ces roches est identique, et contient une grande quantité de serpentine. Sur ses rivages battus par les vagues on trouva des amas de puddings formés par l'émiettement et la brisure de ces roches, et réunis par un ciment calcaire assez tenace :

ces puddings n'ont guères qu'une trentaine de pieds d'élévation au-dessus du niveau de la mer. Sur les grèves enfin on ramassa en abondance les ponces que les flots y ont déposées. Le sol sous les vastes forêts de l'île (car la végétation sur toutes ces terres ne cesse point d'envahir même les rochers les moins convenables pour qu'elle puisse s'y développer), le sol est le plus ordinairement composé d'une argile très-rouge. Les pitons des montagnes présentent parfois des emplacemens décharnés que leur couleur noire porterait à penser de nature basaltique. La Corne de Buffle est la montagne la plus remarquable à Waigiou; elle tient à une chaîne qui se dirige de l'E.-S.-E. à l'O.-S.-O., et sa hauteur serait de 485 toises d'après les calculs des officiers de l'expédition de la *Coquille*.

Vue de la haute mer, Waigiou ne paraît être qu'un pâté de verdure; et cependant on remarque peu de variété dans ces arbres gigantesques qui se pressent et s'élèvent les uns sur les autres. Leur masse de feuillage interceptant le passage de l'air et des rayons lumineux, la surface de la terre ne présente point de ces herbes humiles si nombreuses dans les zones tempérées ou dans les forêts de certaines provinces du Brésil. La riche tribu des palmiers se compose d'un grand nombre d'espèces : parmi les plus communes se font remarquer les lataniers, que leurs feuilles flabelliformes dessinent si bizarrement dans les paysages torridiens; les figuiers, les poivriers, les filaos indiens, les calophyllum, les mimeuses, les vaquois, les cerbera, les scœvola, les ignames, les ananas, les arum, les bananiers, les cucurbitacées, les cycas, les mangliers, les sagouïers, etc. Les menues herbes consistaient en liserons pied-de-chèvre, en graminées ou cypéracées, en acanthes à feuilles de houx, en amaranthes, en casse à corymbes, en népenthes, en amomum, en épidendrum recouvrant les troncs mousseux des gros arbres, et singuliers par la variété infinie de leurs formes et de leurs fleurs. En général a botanique de Waigiou diffère peu de celle de la Nouvelle-Irlande, et a un grand nombre de traits de ressemblance avec celles d'O-Taïti et de Borabora. Parmi les végétaux usuels et alimentaires, le palmier sagou tient le premier rang. La moelle interne répandue dans le stipe fournit ces grains féculans avec lesquels les naturels composent des galettes plates et quadrilatères qui leur servent de pain, et qu'ils cuisent dans des sortes de petits fours en briques divisés en compartimens. Les noix des muscadiers sauvages seraient peut-être susceptibles de prendre par la culture quelque développement, et pourraient sans doute s'améliorer; les arts trouveraient aussi dans cette île des bois propres à l'ébénisterie, et le teck (*tectona grandis*) fournirait d'immenses ressources aux constructions navales.

Pour obtenir des habitans les productions du pays, il suffirait d'y porter des toiles peintes, des étoffes à fleurs ou colorées en rouge : on en recevrait en échange des peaux d'oiseaux de Paradis, de la nacre, des perles, de l'écaille de tortue, des trépangs, de la muscade et de la résine. Cette dernière matière sert aux Papous à façonner des torches avec lesquelles ils vont à la pêche pendant la nuit, et s'obtient du *dammara resinifera* de Lambert, ou d'un *canarium* suivant Lamarck.

Le règne animal de Waigiou doit être riche en espèces : malheureusement nos courtes relâches et notre connaissance imparfaite des localités ne nous permettent d'en juger que par analogie. Parmi les mammifères nous croyons qu'on doit citer le babirussa : toutefois ce n'est encore qu'un doute assez fondé, que les voyageurs futurs éclairciront. Nous ne rencontrâmes qu'une fois, en nous rendant vers l'isthme étroit qui sépare le hâvre d'Offack de la baie Crouzol, un petit quadrupède à pelage gris, nommé *kalubou* par les Papous, que la mère venait d'égarer sans aucun doute, à en juger par son jeune âge; à la taille d'un rat il joignait le museau pointu et la poche marsupiale des sarigues. Ce kalubou était une espèce de péramèle qui devra être nommée *perameles kalubu*.

Les phalangers à queue prenante ou couscous ne sont pas rares dans les bois. Déjà nos collègues, dans la précédente expédition, s'en étaient procuré quelques individus, et les naturels nous apportèrent plusieurs fois à bord le couscous tacheté, qu'ils nomment *schamscham*, et dont nous avons donné la description dans la zoologie du voyage de la *Coquille*.

L'ornithologie est une des branches de l'histoire naturelle qu'une longue relâche dans l'île de Waigiou enrichirait le plus : elle se compose de ces espèces rares et précieuses communes sur le système des terres des Papouas, telles que les oiseaux de Paradis, qui ne s'y présentent d'ailleurs que dans certaines saisons. Le *paradisœa apoda* ou l'émeraude, le manucode, le magnifique, le paradisier rouge, y sont les plus communs. Nous tuâmes la femelle de cette dernière espèce, qui était inconnue naguères.

La famille des perroquets nous offrit les loris papou, vert, tricolore ou à tête noire; la perruche d'amboine ou à face bleue, le microglosse goliath, le grand cacatoës à huppe jaune, et une espèce de lori noir inédit que nous avons nommé lori de Stavorinus *(psittacus Stavorini)*, parce que ce navigateur nous paraît l'avoir mentionné dans la relation de son voyage aux Indes orientales (1). Le lori de Stavorinus est de la taille du tricolore, auquel il ressemble aussi par les formes corporelles. Son plumage est en entier d'un noir lustré uniforme, excepté sur l'abdomen, où règne un rouge vif qui s'étend jusqu'à la poitrine. Le seul individu que nous achetâmes à un Papou a été perdu dans le naufrage de M. Garnot au Cap. Parmi les pigeons, nous citerons les belles colombes muscadivores, dont plusieurs étaient privées de la caroncule noire et arrondie que présentait le plus grand nombre des espèces. Cet organe entièrement graisseux ne doit s'élever sur la base de la mandibule supérieure qu'à l'époque des amours, et peut-être chez les fe melles seulement; et la peau, qui se distend pour recevoir ce fluide, résultat d'une vie en excès, doit, après la fécondation, se dissiper, se raccornir, et ne plus paraître au-dessus des narines que comme une légère fronçure cutanée. A Waigiou nous rencontrâmes aussi des individus de la *columba puella* de la Nouvelle-Irlande, le *ptilinopus kurukuru*, et le goura ou pigeon couronné des Moluques (2) (*columba corona-*

(1) Forest indique aussi un lori noir dans son voyage à la Nouvelle-Guinée,

(2) Cet oiseau est figuré dans Temminck, pl. Ire. La figure de

ta, L.), oiseau stupide, mais dont la chair est exquise.

Le mégapode Freycinet (1) est singulièrement multiplié à Waigiou. Les Papous nous en apportaient journellement à bord, qu'ils échangeaient pour des bagatelles; mais leur chair est loin d'être délicate, car elle est sèche et coriace. Les accipitres ne nous donnèrent qu'une espèce, le matapour (*falco ponticerranus*) à tête blanche, à corps et ailes d'un marron foncé; les échassiers, l'édicnème à gros bec (*œdicnemus magnirostris*, Geoff.), figuré par M. Temminck, pl. 387, et qui se trouve sur les rivages des Moluques et des îles de la Sonde : dans les palmipèdes une seule sterne, nommée *sapenne*. Les passereaux nous présentèrent le philédon corbi-calao, une corneille dont le cri ne ressemble point à l'aboiement d'un chien, comme celui du même oiseau à la Nouvelle-Irlande, mais imite au contraire un ricanement moqueur; le guêpier à gorge jaune, le calao à casque sillonné, plusieurs gobe-mouches et souïmangas, et le beau martin-chasseur Gaudichaud.

Les reptiles les plus communs sont les tortues

Buffon, enlumin., n°. 118, est très-mauvaise. Le dessin de Sonnerat, déposé au Muséum avec les manuscrits de Commerson, n'est pas meilleur.

(1) *Megapodius Freycinetii* (Quoy et Gaimard, Zoologie de l'*Uranie*, pl. 32 ; et Temminck, pl, 220).

franche et caret. La chair de la première est recherchée des naturels, qui préparent de longs saucissons desséchés avec ses œufs, et les conservent pour les échanger ; ils font des hameçons avec les écailles de la seconde. Un tupinambis de la grosseur de l'iguane d'Amérique, noir ponctué de jaune, est tellement multiplié dans les bois, qu'on le rencontre presque à chaque pas sur les branches, où il attrape les petits oiseaux : il vit encore de poissons, qu'il guette sous les racines de mangliers, sur le bord de la mer, ou dans les lieux fangeux. On y trouve aussi le scinque à queue bleue, qui paraît répandu dans toute l'Océanie. Un de nos matelots nous assura avoir vu des serpens dont nous ne rencontrâmes aucun individu. Nous ne vîmes parmi les Batraciens qu'une grande espèce de raine.

L'ichthyologie de la grande et vaste baie d'Offack doit être riche, à en juger par les espèces que nos filets, jetés au hasard, nous rapportaient chaque jour. Comme notre confrère le docteur Quoy nous avait communiqué ses descriptions alors inédites, et qui ont paru depuis dans la partie zoologique du voyage de *l'Uranie,* nous retrouvâmes plusieurs des espèces figurées par ce naturaliste et par son coopérateur, M. Gaimard. Trois squales régnaient en nombreuses tribus dans ces mers. L'un, le squale aux ailerons noirs, avait été confondu avec le requin ordinaire par l'illustre Commerson, dont il diffère cependant par une taille plus petite (les plus grands que nous ayons vus n'avaient pas trois pieds), par la couleur du corps qui est d'un gris légèrement rougeâtre, et par le noir intense qui marque l'extrémité des nageoires. Les femelles nous présentèrent constamment deux fœtus dans chaque côté de la matrice; et ces jeunes squales, tirés du sein de leurs mères, s'agitaient avec tant de vigueur, qu'ils forçaient l'ouverture ombilicale, placée sous forme de trou arrondi entre les deux pectorales et en dessous du corps, à s'ouvrir, et le sang qui s'en écoulait ne tardait point à les faire périr. Un rochier et un troisième chien de mer à barbillons se prenaient fréquemment dans nos filets. Les poissons les plus vulgaires, et qu'il nous suffira de citer pour le moment, se trouvaient donc être la pastenague blonde à points d'azur, la baliste bourignon du docteur Quoy, qui est identique avec la baliste praslin de Commerson; la baudroie géographique *(acanthurus lineatus)*, le nason licornet, décrit primitivement par Forest; le *dône* ou ptéroïs à antennes, un trigle volant, le *kalolo* ou blennie sauteur, l'échénéis à raies blanches, un pimélode, des chœtodons, des labres, des serrans, des aiguilles, etc., etc.

Les coquilles marines sont assez généralement des nautiles *(nautilus pompilius)*, des spirules *(nautilus spirula)*, des volutes couronnes d'Éthiopie *(cymbium æthiopicum*, Montf.), dont les habitans se servent en guise d'escope pour vider l'eau qui s'introduit dans l'intérieur des pirogues; les bénitiers, qui atteignent une taille bien plus considérable que l'individu qui sert de bénitier à Saint-Sulpice, et que Forest a décrit sous le nom de *kima;* l'huître selle polonaise, l'huître marteau, l'huître des mangliers, l'éperon mollette, l'hypocrêne, la coronule des tortues, des pollicipes, des nérites, des patelles, des strombes, des grimaces, etc.

Les coquilles terrestres nous présentèrent cette grande et belle variété de l'*helix citrina*, figurée pl. 67, fig. 2 et 3, de la Zoologie de *l'Uranie;* plusieurs autres petites espèces, et le scarabe auricule. Parmi les coquilles fluviatiles on doit citer les néritines, qui y sont tellement communes, que les Papous nous en apportaient des tubes de bambou remplis ; la *melania setosa* ou *spirella spinosa* d'Humphrey, indiquée aux îles de l'Amirauté par M. Gray.

La langouste ornée, quelques portunes, le crabe honteux, sont tous les crustacés des environs d'Offack Les échinodermes étaient composés du cydarite à baguettes, de plusieurs spatangues, de diverses scutèles; et parmi les êtres du dernier embranchement du règne animal, nous mentionnerons plusieurs belles espèces d'holothuries, figurées dans notre Centurie et remarquables par la singularité de leurs formes. Plusieurs méduses nouvelles enrichirent également notre portefeuille. Les habitans recherchent avec un extrême empressement les holothuries; ils les préparent à la manière des Malais, pour les donner en échange des toiles que leur apportent quelques jonques chinoises, ou ils s'en nourrissent. Dans toutes les cabanes nous rencontrâmes une quantité de cette substance desséchée, coriace, très-peu agréable au goût, et que ces peuples n'estiment que parce qu'ils la regardent comme la matière la plus convenable pour soutenir leurs forces épuisées et faire renaître chez eux les désirs éteints par le renouvellement abusif des plaisirs des sens.

Deux variétés de l'espèce humaine habitent évidemment l'île de Waigiou : la première, malaise, s'est établie sur la côte par droit de conquête; l'autre, aborigène, conserve la plupart des traits du rameau dont elle est descendue, celui des Alfourous. De ce mélange sont nés des hommes hybrides nommés Papouas, sans vigueur, sans énergie morale, et docilement soumis à l'autorité des radjahs malais qui les gouvernent, et le plus souvent réduits en esclavage par les insulaires des terres voisines, entre autres par les Guébéens, dont la piraterie est la première branche d'industrie. Sur le pourtour de la baie d'Offack nous ne vîmes que quelques familles de véritables Papouas ou Négro-Malais hybrides, ainsi que nous les avons décrits dans un travail général sur les races humaines, tandis que les Malais sont particulièrement réunis dans de petits villages épars sur plusieurs points de Waigiou, et surtout aux environs de Rawack, de Boni, et dans la partie méridionale de l'île. Les Papouas d'Offack, au contraire, timides et craintifs, cachent leurs retraites dans les endroits les plus isolés des forêts, bâtissent leurs cabanes sur des rivières, afin de fuir avec plus de facilité à la moindre alerte; et, comme la pêche est leur principale ressource, ils se transportent sur les récifs ou sur les îlots isolés, afin d'y prendre du poisson et des tortues, et n'en partent que lorsque les vivres sont épuisés.

Les Malais des villages de Boni et d'Emberbakène nous parurent généralement d'une taille médiocre, dépassant très-rarement cinq pieds deux pouces; leur peau est d'un olivâtre foncé, et leurs membres, généralement bien proportionnés, sont quelquefois grêles et peu musclés. Ils portent leurs cheveux courts et recouverts d'un morceau de toile en forme de turban. Leur regard est mobile et perçant, ce qui tient à des yeux noirs pleins de feu; la bouche est médiocre mais le grand usage qu'ils font du bétel corrode les gencives et les dents, et teint les lèvres en rouge noir. La physionomie de quelques jeunes gens était douce et agréable; celle du plus grand nombre des hommes du peuple est stupide, ou plutôt est empreinte d'une certaine sauvagerie. Tous portent une petite touffe de barbe sous le menton, et deux courtes moustaches sur le rebord de la lèvre supérieure; leur caractère est flegmatique, taciturne, et cache sous une apparente froideur une violence de caractère qui fait explosion lorsque les circonstances leur paraissent favorables. Le radjah qui les gouverne vint nous faire visite; il était le seul de sa nation qui fût complétement vêtu; sur la tête il portait une calotte à jour tissée avec des fibres d'un beau noir, et qu'il remplaça un jour par un bonnet à la chinoise, formé de plusieurs cartels d'étoffes de la même couleur; un large sarong d'indienne verte à fleurs rouges enveloppait négligemment le corps sans le serrer; un demi-pantalon d'étoffe rayée complétait cet ajustement, car ce chef avait la poitrine et les jambes nues. Une étroite bandelette d'étoffe, nommée *maré*, était le seul voile jeté négligemment par les autres habitans sur les organes sexuels. Nous remarquâmes que quelques jeunes gens, par des idées de coquetterie assez mal entendues, s'étaient fait limer les dents de manière à former sur l'arcade dentaire une gouttière profonde en avant. Le tatouage leur est inconnu; seulement ils ont adopté des peuples nègres l'usage de se faire élever des tubercules dans la peau, sur la poitrine et sur le deltoïde, au nombre de douze. La plupart de ces Malais, aussi bien que les Papouas, avaient le corps rongé par la lèpre squammeuse qui a indifféremment étendu ses ravages sur les Nègres polynésiens comme sur les Mongols pélagiens et les Océaniens.

Leurs objets d'ornement consistent principalement en bracelets polis et blancs dont l'usage leur est venu des Papouas. Ces objets, qu'ils nomment *sanfar*, sont travaillés avec le plus grand soin, et formés d'une seule pièce enlevée à la base des grands cônes, de manière à offrir le diamètre du bras. Ils portent aussi quelques-uns de ces anneaux plus petits aux doigts; et, lorsque la matière calcaire leur manque, ils la remplacent par des morceaux d'écaille de tortue, appelée *ouahomisse*, ou par des *kaprais*, sorte de cordonnets tissés en jonc peint de diverses couleurs. Plusieurs des habitans de Boni portaient au bras des bracelets d'étain, de cuivre et même d'argent, qu'ils fabriquent eux-mêmes, ou qu'ils reçoivent des Chinois. Par une bizarrerie de goût, assez ordinaire aux hommes, ces bracelets sont fixés à demeure autour du membre qu'ils compriment; car ils ont le soin de les passer sur le bras dans le jeune âge, de sorte que les muscles, en se développant, se trouvent étranglés à la place que cet ornement doit conserver pendant la vie entière de celui qui le porte.

Quelques autres objets de parure, d'un goût moins universel, consistent en colliers dont les grains sont faits avec des pailles vivement colorées, ou en idoles sculptées que l'on porte suspendues sur la nuque. Les Papous attribuent de grands pouvoirs à ces amulettes, qui sont leurs divinités protectrices. Souvent elles ne se composent que d'un morceau de bois entouré de quelques sales guenilles; quelquefois ce sont des figures ingénieusement travaillées avec des morceaux d'os et d'ivoire.

Tels nous parurent les habitans, d'ailleurs très-mélangés, de l'île de Waigiou; mais les Papouas des environs de la baie d'Offack, véritables métis des Alfourous et des Malais, ont retenu des traits assez nombreux de la physionomie des Papouas, et méritent d'autant plus d'attention qu'ils ont été jusqu'à ce jour pris comme le vrai type papou, ainsi qu'il est facile de s'en assurer en consultant les figures données dans un grand nombre de voyages.

Les Papous métis d'Offack sont tous de petite taille, et, sur plus de vingt individus que nous mesurâmes à bord, la hauteur des deux plus grands allait à peine à cinq pieds deux pouces, et chez le plus grand nombre des autres elle n'était que de quatre pieds six à sept pouces. A cette petite taille il faut ajouter des membres décharnés et peu développés, un ventre très-gros, la face aplatie, dont les yeux sont noirs et la bouche très-fendue, et qui disparaît sous la vaste chevelure ébouriffée qui donne à la tête, vue de loin, des proportions énormes et disparates avec le reste du corps. Leur physionomie est empreinte de cette douceur dans les traits qui ressemble à de l'irrésolution, à de la crainte, ou peut-être à des souffrances physiques. La teinte de leur peau est d'un olivâtre basané assez clair, et leur chevelure est d'un noir foncé. Ces hommes paraissent indolens; leurs mouvemens sont d'une lenteur qui étonne, et la frayeur seule a le pouvoir de les faire se hâter. Leur corps, assez habituellement recouvert de lèpre, est nu, car on ne peut guères donner le nom de vêtement à l'étroite bandelette d'étoffe qui ceint les reins. Tous les Papous portent au milieu de leur chevelure un très-long peigne en bambou, dont le haut est allongé et habituellement garni d'ornemens de nacre ou de pendeloques de toutes sortes. Ces Papous métis ont communiqué aux Malais qui vivent parmi eux beaucoup de leurs coutumes, et en échange ils en ont adopté quelques-unes des leurs. C'est ainsi qu'ils portent quelquefois des moustaches et un bouquet de barbe sous le menton, et qu'ils ne saupoudrent pas leurs cheveux de ces poussières d'ocre ou de craie dont sont prodigues les Papous de la Nouvelle-Irlande, de la Louisiade, etc. Nous n'abordâmes jamais ces hommes sans que la frayeur la plus vive se manifestât sur leur visage, et ce ne fut qu'à la longue que nos bons procédés détruisirent les impressions pénibles qui les tourmentaient. Une fois rassurés, ils nous parurent gais et pleins de bonté; car il leur arriva fréquemment de nous offrir, sans en exiger de récompense, des cocos et des racines nutritives.

Les vieillards sont graves et sérieux, ils semblent impassibles à tout ce qui les environne; tous portent de nombreuses amulettes autour du cou, et ne sortent point sans être armés de la machette, sorte de gros couteau qu'ils obtiennent des trafiquans malais pour de l'écaille de tortue.

Les demeures des habitans de l'île de Waigiou sont constamment établies au milieu des marais ou à l'embouchure des petites rivières; et bien qu'elles soient élevées sur des pieux, elles sont exposées aux influences des miasmes les plus délétères qui s'exhalent des eaux croupies et du limon. Les fièvres de mauvais caractère doivent donc régner en ce lieu. Tous les vieillards qui s'offrirent à notre vue étaient frêles et débiles, et parmi les autres naturels plusieurs portaient d'énormes cicatrices de brûlures; quelques-uns offraient des traces de petite vérole, tandis que d'autres étaient oppressés par des catarrhes, etc. Leur habitude de coucher sur le sable des grèves, entourés de grands feux et pendant des nuits où il pleut souvent à verse, ne doit pas peu contribuer à rendre dangereuse cette dernière affection. L'industrie de ces Papous se décèle par le travail ingénieux qui préside à tous leurs ouvrages en paille, et on ne saurait trop admirer la vivacité des couleurs avec lesquelles ils peignent les feuilles de pandanus qu'ils mettent en œuvre; leurs grandes nattes, surtout, sont remarquables par leur solidité et leur durée, aussi bien que par les desseins qui fréquemment les décorent. L'oreiller en bois sur lequel ils appuient la tête pour dormir est sculpté et poli avec une habileté d'exécution qu'on ne serait pas tenté de leur supposer; et l'on sait que ce meuble n'est point chez eux le résultat du hasard, puisqu'on le trouve fréquemment, dans les tombeaux égyptiens, placé sous la tête des momies. Ils ne savent point tisser d'étoffes, et celles dont ils s'habillent lorsqu'elles ne sont pas de fabrique indienne ou chinoise, se bornent à des toiles de palmiers ou à des écorces à peine dégrossies. Les armes dont ils se servent sont l'arc et la flèche, et leur adresse à frapper le but ne mérite pas d'être citée. Le radjah et quelques autres chefs possèdent des fusils et de la poudre, qu'ils ont obtenus des Européens en échange d'oiseaux de Paradis. Tous les naturels que nous visitâmes, soit dans leurs cabanes, soit dans leurs pirogues, possédaient d'énormes paquets de flèches qu'ils échangeaient volontiers. Ces flèches sont en roseau et armées à une extrémité d'une pointe en bois très-dur, unie ou barbelée, et souvent d'un os aiguisé ou d'une épine de pastenague. L'arc est le plus ordinairement en bambou, et parfois en bois rouge solide et pliant; il est tendu par une corde de rotang. Par leurs communications fréquentes avec les commerçans des Moluques, ils se procurent le fer dont ils arment leurs lances de combat et leurs harpons pour la pêche.

La plupart de nos cadeaux furent reçus avec

la plus parfaite indifférence : un seul combla tous leurs désirs; et, faut-il l'avouer? ce ne furent ni des haches ni des instrumens utiles, mais des objets d'un usage frivole, en un mot de ces petits miroirs enveloppés de papier doré! Un Papou obtenait-il ce meuble précieux, on le voyait rester en extase devant sa physionomie, se complaire à en admirer tous les traits, pousser des cris d'étonnement, et rien n'était plus plaisant sans doute comme de suivre les brusques changemens survenus sur ces figures, quelques minutes auparavant impassibles. Ainsi donc la beauté la plus séduisante, qui se repaît dans un miroir de la blancheur de son teint, de l'incarnat qui la colore, n'est pas la seule sur la terre qui goûte le délicieux plaisir d'admirer son image : elle est, sous ce rapport, en rivalité avec le noir et sale Papou.

Les habitans de Waigiou, bien qu'adonnés presque exclusivement à la pêche, sont cependant d'une grande adresse pour prendre le gibier. Ils chassent les oiseaux de Paradis avec de petites flèches formées du rachis des folioles de latanier, ou prennent en vie, pour les élever en domesticité, des loris papous, des loris tricolores, des cacatoës à huppe jaune. Comme les Malais, ils choisissent de préférence la nuit pour se livrer à la pêche, et se servent principalement de torches résineuses enflammées dans le but d'attirer le poisson par de vives clartés. Ces pêches durent plusieurs jours, et ont lieu sur les bas-fonds ou sur les côtes renommées par l'abondance des tortues, des coquillages ou des poissons, et les naturels y séjournent tant que les vivres y sont abondans. A cet effet ils établissent un ajoupa temporaire sous lequel ils placent leur foyer, afin de le garantir des averses pluviales. Leur cuisine est élevée sur un treillage en bois, de manière que les chairs qu'ils y entassent cuisent lentement par l'action de la chaleur; et les quantités qu'ils en consomment, ainsi que les préparations qu'ils leur font subir, annoncent qu'ils joignent à la friandise des besoins copieux. Ils prennent la précaution de cuire les poissons dans des feuilles d'arbres, de fumer et sécher les viandes de tortue franche, et de former avec les œufs des sortes de saucissons de haut goût.

La nourriture première des Papous, empruntée au règne végétal, consiste en farine de sagou, retirée par le lavage à l'eau froide du centre médullaire des cycas et des sagouïers. Ils en fabriquent des pains de forme quadrilatère, cuits dans des sortes de fours en brique, ou bien ils mangent simplement crue la farine renfermée dans des tubes de bambous. Les heures de leurs repas sont réglées avec une grande exactitude, et lorsqu'ils naviguent dans leurs pirogues, ils ont toujours la précaution de conserver du feu, qu'ils placent sur une pierre au milieu de la nacelle; par son moyen ils allument instantanément un brasier sur lequel ils grillent les aplysies, les holothuries qui leur tombent sous la main au moment où leur appétit se réveille. Ils y joignent aussi la précaution d'avoir toujours en réserve des tubes de bambous remplis d'eau douce. Lorsqu'ils ont mangé, ils sont dans l'usage de fumer une petite cigarette faite avec une pincée de tabac haché et roulé dans une foliole sèche, à la manière des Espagnols.

La construction des pirogues est, chez ces peuples maritimes, rendue facile par les instrumens de fer qu'ils possèdent. Toutes les embarcations que nous avons vues étaient cependant peu soignées sous le rapport de l'exécution. Elles peuvent toutefois contenir de sept à huit hommes, et leurs extrémités sont relevées. Elles ont deux balanciers, c'est-à-dire que de chaque côté partent des tiges terminées par un madrier oblique destiné à servir de flotteur. Sur ces balanciers sont enfoncées des fourches qui servent à recevoir les mâts, les voiles de l'embarcation. Au centre s'élève un toit renversé, sous lequel les gens de l'équipage mettent à couvert leurs plus précieux effets, leurs boîtes, leurs nattes en paille, ainsi que leurs vivres.

Les Papous de la baie d'Offack ont, à ce qu'il paraît, adopté les habitudes de polygamie des Malais : mais, ce qui est plus positif, ils en ont l'humeur jalouse et l'habitude de dérober leurs femmes à tous les yeux. Bien que nous soyons entrés dans leurs cabanes, nous n'avons jamais pu découvrir aucune personne du sexe féminin, et nous ne pouvons pas douter qu'ils ne les aient cachées soigneusement au milieu des bois. M. de Blosseville est le seul officier de l'expédition française de la corvette *la Coquille* qui parvint à entrevoir les épouses du radjah de la baie Crouzol, et il nous a dit qu'elles étaient jeunes, mais sérieuses et tristes, et qu'elles avaient pour tout vêtement un sarong de toile bleu des Indes. Plusieurs femmes papouas s'enfuirent précipitamment dans les forêts, emportant leurs enfans dans leurs bras, un jour que nous nous rendions en silence et inopinément vers leurs cabanes dans la rivière d'Offack.

Ces tribus sont adonnées au fétichisme pur, et ont élevé un temple à leurs dieux, qui paraissent être nombreux. Ce temple est une cabane beaucoup plus grande que celles qu'habitent les naturels, et dont l'intérieur est décoré avec soin de nattes peintes appendues aux murailles. Ces idoles sont revêtues de morceaux d'étoffes, et plusieurs ont devant elles des assiettes de porcelaine de Chine. Mais au milieu de ces figures humaines grossières nous remarquâmes avec quelque surprise la représentation assez exacte d'un crocodile. Là aussi la crainte de ce vorace et dangereux saurien a donc inspiré des hommages que les hommes adressent toujours avec d'autant plus de ferveur qu'ils redoutent davantage la puissance malfaisante du génie ou du démon qu'ils encensent! A ces rites d'un culte dans l'enfance se joignent des idées inculquées par les Malais et des traces de mahométisme; car la polygamie, le soin qu'ils prennent de cacher leurs femmes, le respect qu'ils professent pour les tombeaux, dérivent évidemment des relations intimes qu'ils ont contractées avec les émigrans des îles Moluques. Les tombeaux des Papous sont généralement recouverts d'une sorte de mausolée fait avec des morceaux de bois plus ou moins sculptés : parfois on suspend au-dessus des guirlandes de hachettes en bois pour marquer l'usage que le possesseur a su en faire pendant sa vie.

Il n'y a pas jusqu'à la manière de bâtir leurs cabanes qui ne soit caractéristique pour tous les Papous qui ont eu des communications avec les Malais; ce n'est jamais que sur le bord de la mer, à l'embouchure des rivières, au fond des baies, qu'elles sont établies sur des pieux. Rien n'est peut-être plus pittoresque que ces demeures en bambous et à claires-voies, où logent pêle-mêle des familles entières, sous lesquelles flottent des embarcations, et que dérobent à la vue des arbres vigoureux qui croissent aux alentours. Nul meuble n'embellit leur intérieur, si on en excepte quelques nattes en feuilles de vaquois, une claie destinée à servir de lit à chaque membre de la famille, un âtre pour contenir le feu, et quelques paniers destinés à recevoir les trépangs desséchés dont il se fait une grande consommation.

La langue de ces Papous est un mélange de malais et d'alfourous, ainsi qu'il sera facile de s'en convaincre par la petite série de mots que nous citons; cependant les noms des parties du corps sont presque entièrement alfourous.

Front, *kaprani;* oreilles, *katontouté;* cheveux, *pia;* nez, *souné;* lèvres, *ganganini;* dents, *vuaéainé;* menton, *ganpapé;* barbe, *gangabouriné;* cou, *kakoné;* poitrine, *liomanpené;* mamelon, *sou;* ventre, *iaéné;* nombril, *assevené;* penis, *siné;* épaules, *paponé;* reins, *mahalé;* fesses, *sainé;* anus, *talané;* bras, *papéané;* avant-bras, *kapéané;* main, *kakoniané;* doigts, *kakoutilé;* ongles, *kabeai;* cuisse, *koko-*

loné; genoux, *kabukapouki;* jambes, *katonainé;* pied, *katoupapé;* doigt de pied, *katoutili.*

NOMS DIVERS D'ANIMAUX ET DE PLANTES.

Arec (noix d'), *pinane.*
(poivre cubèbe) *siri* (bétel).
Chaux, *kapou.*
Ananas, *nanassi* (nom d'origine portugaise).
Banane, *imbieffe* (nom alfourous).
Coco, *kasout.*
Goura ou pigeon couronné, *mambrouke.*
Muscadier, *nancosse.*
Perles, *moustika.*
Sagou, *sagou papou.*
Oiseau, *mani*, etc., etc.

A ces observations succinctes et rapides sur des tribus ignorées naguères nous ajouterons celles fort remarquables que MM. Quoy et Gaimard ont publiées dans la partie zoologique du voyage de *l'Uranie,* et qu'ils ont lues le 5 mai 1823 à l'Académie royale des sciences. Les conclusions admises par ces auteurs ne coïncident point avec les nôtres; mais elles sont trop importantes, et présentées par des observateurs dont l'exactitude est trop connue, pour que nous ne les regardions pas comme le complément le plus utile de ce que nous venons de rapporter des Papous; ainsi s'expriment MM. Quoy et Gaimard (1) : « On aurait tort de croire qu'il est toujours facile au voyageur de se procurer des ossemens humains chez les peuples sauvages qu'il visite. Malgré la rudesse de leurs mœurs, tous s'accordent à rendre les derniers devoirs à ceux qui parmi eux ont cessé de vivre, soit qu'ils les confient à la terre, qu'ils les déposent dans des cavernes, ou les suspendent dans des moraïs. Cette coutume seule prouve que leur pensée, franchissant les limites de l'existence temporaire, a reçu la révélation imparfaite d'une existence future, elle suppose des combinaisons d'idées qui éloignent l'homme de ce prétendu état de nature dans lequel on a voulu faire croire qu'on l'avait rencontré. Si cet état a vraiment pu exister entre des hommes réunis, ce que nous ne croyons pas, parce que le propre de l'espèce humaine est de tendre vers un perfectionnement quelconque, on ne peut disconvenir que depuis des siècles il n'existe plus et que les voyageurs n'ont pu en fournir des exemples. Nous avons vu sur la côte ouest de la Nouvelle-Hollande à la terre d'Endracht, une des peuplades les plus misérables du monde, au développement et au perfectionnement de

(1) Observations sur la constitution physique des Papous (Zoologie de *l'Uranie*, p. 1 à 11).

laquelle un sol affreux semble s'opposer; mais qu'il y avait encore loin de l'état des hommes de cette peuplade à celui des brutes, qui, nous le répétons, ne saurait, rigoureusement parlant, exister pour des êtres que l'usage de la parole rend susceptibles de se communiquer leurs pensées !

» Quelques peuples même, tels que les Papous, supposent aux morts les mêmes désirs, les mêmes passions qui ont agité leur vie. Ici des alimens et du bétel sont déposés sur le tombeau, comme si les besoins physiques pouvaient survivre à la dissolution de la matière; là des instrumens de guerre ou de pêche rappellent les occupations chéries de celui qui n'existe plus. Cette pensée de communication que le sauvage cherche à établir avec les objets de ses regrets, et ce culte funèbre qui consacre leurs dépouilles mortelles, indiquent qu'il n'est point étranger aux idées d'une autre vie.

» La vengeance serait-elle aussi un dogme religieux chez ces peuples, qui paraissent en perpétuer l'observance barbare en décorant quelquefois l'asile du repos avec les crânes des ennemis vaincus? Ce furent de semblables trophées funéraires que nous crûmes pouvoir recueillir sans profanation.

» Sur le seuil du tombeau d'un chef, dans la

petite île de Rawack, nous trouvâmes six têtes symétriquement rangées sur une même ligne, elles étaient privées de la mâchoire inférieure, le temps en avait détruit les chairs et blanchi les os. A leur gauche on voyait un grand buccin percé d'une ouverture circulaire, dont ces peuples se servent pour se faire entendre de loin.

» Nous n'essaierons pas de déterminer, d'après les caractères de la physionomie, l'origine d'un peuple que nous n'avons fait qu'entrevoir; nous ne rechercherons point ici s'il est indigène de ces contrées, ou si les migrations l'y ont conduit, nous ne citerons que le petit nombre de faits que nous avons recueillis, et notre but sera rempli s'ils peuvent aider les recherches des savans occupés depuis si long-temps de ces grandes questions.

» Le groupe d'îles connu sous la dénomination d'îles des Papous n'a été encore qu'imparfaitement exploré par les navigateurs. Quelques géographes donnent aussi le nom de terre des Papous à la Nouvelle-Guinée, dont les habitans, au rapport de tous les voyageurs, diffèrent tellement de ceux des îles environnantes qu'ils furent pris pour de véritables nègres. Il existe en effet dans cette partie du globe une race à peu de chose près semblable à celle de l'Afrique australe : elle est comme égarée au milieu de la race malaise qui peuple les archipels de la Sonde, de Bornéo et des Moluques. Tout nous porte à croire que la souche de cette race, dont nous n'avons vu que des individus isolés, se trouve dans la grande île de la Nouvelle-Guinée; mais il faut prendre garde de la confondre avec celle qui habite Waigiou et les autres îles voisines; car, bien que ces insulaires soient presque semblables aux nègres par la couleur de leur peau, ils offrent des différences que nous ferons connaître, et qui les distinguent de ceux-ci. En général ils se désignent eux-mêmes sous le nom de Papoua, que toutes les nations, à l'exception de la nôtre, ont adopté : en français on les nomme Papous; et il paraît que ceux qui habitent les montagnes de Waigiou prennent spécialement le nom d'Alifourous, que quelques voyageurs écrivent aussi Alforèses et Haraforas.

» Cependant, il faut le dire, la proximité de toutes ces îles, qui commencent au continent de l'Inde et s'étendent presqu'à la Nouvelle-Hollande, a dû favoriser tellement le mélange des individus qui les peuplent, qu'à présent il existe une foule de nuances qui rendent difficile la détermination exacte de quelques unes de ces races. Les Papous sont précisément dans ce cas; ils n'ont pas les traits et la chevelure des Malais, ils ne sont pas nègres non plus; ils nous ont paru tenir le milieu entre ces peuples et les nègres sous le rapport du caractère, de la physionomie et de la nature des cheveux, tandis que le crâne proprement dit a une forme qui le rapproche beaucoup de celui des Malais. Si l'on voulait, parmi tant de nations obscures, avoir recours aux détails du langage pour faire remonter à une origine les habitans de l'archipel d'Asie, on trouverait bien quelques mots communs à plusieurs îles; mais les causes que nous venons d'indiquer ne peuvent qu'affaiblir l'importance de semblables remarques. D'ailleurs on ne connaît pas encore la langue des habitans de la Nouvelle-Guinée, ou à peine en a-t-on retenu quelques mots qui ne s'accordent nullement avec ceux des Papous, comme nous l'avons vérifié en comparant nos vocabulaires au fragment cité dans l'ouvrage du président de Brosses.

« Voilà des difficultés, pour ainsi dire insurmontables, qui n'existent pas pour les archipels beaucoup moins rapprochés, mais dont les habitans ont une physionomie et un langage moins variables, que des croisemens fortuits n'ont point dénaturés, et qu'on peut leur attribuer en propre. Ils est aisé de décrire les naturels des îles

Sandwich, de Taïti, des Carolines, des îles des Amis, etc., mais il est bien plus difficile d'assigner les caractères distinctifs des Timoriens, des Ombaïens, et surtout des Papous, qui nous occupent spécialement.

» Pendant une relâche de vingt jours sur les îles Rawack et Waigiou, nous pûmes nous mettre en rapport avec quelques centaines de naturels qui venaient trafiquer avec nous. Ces communications directes nous ont amenés à remarquer que les Papous ont en général une taille moyenne, assez bien prise chez quelques-uns : cependant la plupart ont une constitution un peu faible et les extrémités inférieures grêles. Leur peau est brun foncé; leurs cheveux sont noirs, tant soit peu lanugineux, très-touffus; ils frisent naturellement, ce qui donne à la tête un volume énorme, surtout lorsque, négligeant de les relever et de les fixer en arrière, ils les laissent tomber sur le devant. Ils n'ont que peu de barbe, même les vieillards; elle est de couleur noire, ainsi que les sourcils, la moustache et les yeux. Quoiqu'ils aient le nez un peu épaté, les lèvres épaisses, et les pommettes larges, leur physionomie n'est point désagréable, et leur rire n'est pas grossier. Quelques-uns ont le nez moins écrasé que d'autres; nous en avons vu qui, avec des traits peu différens, portaient des cheveux plats, lisses, et tombant plus bas que les épaules.

» Peut-être devons-nous considérer comme le produit d'un Chinois ou d'un Européen avec les Papous deux individus dont la peau était presque blanche. Cette couleur, jointe à de longs cheveux lisses, flottant sur les épaules, à plus de délicatesse dans les traits de la figure, à un nez plus effilé, les faisaient manifestement contraster avec ceux qui les entouraient. La supposition que nous avançons pourrait être fondée sur ce que les Européens visitent quelquefois ces parages, et que les Chinois les fréquentent aussi pour y acheter des oiseaux de Paradis.

» Cependant nous ferons observer que, dès 1828, Alvaro de Saavedra vit dans ces contrées, à environ sept degrés de l'équateur, quelques îles dont les habitans étaient blancs; ce qui le surprit beaucoup. Sans accorder une trop facile confiance à un tel fait, dont on n'a plus parlé depuis, nous nous bornons à le citer. Si toutefois il nous était permis d'ajouter une réflexion, nous dirions que souvent les voyageurs portugais et espagnols ont appelé hommes blancs des Indiens d'une teinte peu foncée et distincte de la couleur des nègres. D'après cela, on pourrait croire avec assez de probabilité que ces hommes prétendus blancs appartenaient à quelques-unes des îles Carolines.

» Une autre variété d'hommes qui s'est offerte à nous est celle qu'on peut appeler nègre; car elle en a la couleur, la forme du crâne, les cheveux courts, très-laineux, recoquillés; le nez écrasé, très-épaté; les lèvres grosses, et surtout l'obliquité de l'angle facial, tandis que les Papous ont, sous ce rapport, la tête conformée, à peu de chose près, comme les Européens.

» Ces nègres, ainsi que la variété blanche, faisaient librement partie de la tribu qui nous visitait chaque jour. Les anciens voyageurs parlent de ces migrations partielles de la Nouvelle-Guinée. Le père Cantova, par exemple, raconte que de son temps les Carolins avaient dans leurs îles des nègres qui leur étaient venus; et à cette époque il pouvait encore moins dire d'où ils provenaient. Dampier en a également vu à Pulo-Sabuti (1), qui parmi les Malais subissaient le même sort. La Nouvelle-Guinée, encore si peu connue, où les navigateurs n'ont fait qu'aborder, et de laquelle Cook fut repoussé, présente donc le singulier phénomène d'avoir des habitans semblables, du moins à peu près, aux nègres d'Afrique.

» N'ayant point eu à notre disposition des

(1) C'est sans doute l'île Java, qu'on prononce et qu'on écrit quelquefois Saba. Pulo signifie île en langue malaise.

têtes de ces individus, nous ne pouvons indiquer les différences anatomiques qui doivent exister entre elles et celles des Papous, dont nous allons faire connaître la conformation.

» Ayant soumis ces crânes à l'examen du docteur Gall, nous avons eu la satisfaction d'offrir avec plus de confiance celles de nos observations qui pourront venir à l'appui de la doctrine de ce célèbre physiologiste.

» A leur première inspection, M. Gall remarqua dans tous une inégalité qu'il nomma déformation rachitique, et d'après laquelle il supposa que les hommes à qui ils appartenaient habitaient des lieux bas et humides. Ce fut avec quelque surprise, nous devons le dire, que nous reconnûmes la précision d'un aperçu aussi délicat. En effet, la plupart des habitans de cet archipel, faisant leur principale nourriture de poissons et de coquillages, n'abandonnent presque jamais les bords de la mer, qui, dans cette partie sont tellement marécageux, qu'on peut naviguer en quelque sorte dans les forêts. Forcés par une impérieuse nécessité de demeurer dans des endroits aussi malsains, ils tâchent de se soustraire à leur funeste influence en élevant leurs maisons sur des pieux. Ils ont probablement appris par expérience que des lieux constamment submergés sont moins dangereux que ceux qui ne le sont que par intervalles; d'où l'usage qu'ils suivent de bâtir au-dessus des eaux de la mer.

» Les têtes des Papous présentent un aplatissement des parties antérieure et postérieure, en même temps qu'un élargissement de la face.

» Le sommet de la tête est élevé; les bosses pariétales sont proéminentes, les temporaux très-convexes; et le coronal, au-dessous de la ligne demi-circulaire des tempes, offre une saillie remarquable.

» Les os du nez, presque verticaux, aplatis d'avant en arrière, ont peu de saillie; ils sont rétrécis à leur partie moyenne et élargis en haut et en bas. La forme du nez, comme nous l'avons vu, correspond à cette disposition, qu'augmente encore la largeur des apophyses montantes des os maxillaires supérieurs dirigés en avant. Ces os eux-mêmes sont beaucoup plus larges que dans la race européenne; ce qui, dépendant surtout du développement de l'apophyse molaire, donne à la face de ces insulaires sa largeur remarquable.

» L'ouverture antérieure des fosses nasales est très-évasée à sa partie inférieure; cet évasement est plus considérable même que chez les nègres.

» Les os molaires sont dirigés plus en avant et les apophyses zygomatiques plus larges et plus saillantes.

» On doit remarquer la largeur et la profondeur plus grandes des sinus maxillaires et frontaux mis à découvert par la fracture des os. Le dessinateur, M. Chazal, a copié avec fidélité cet accident, de même qu'un coup d'instrument tranchant qui a altéré le pariétal gauche.

» L'arcade alvéolaire est d'une épaisseur très-remarquable à la partie qui correspond aux dents molaires: l'une des têtes a cette arcade un peu dirigée en avant et en haut dans la portion correspondante aux incisives et aux canines; la voûte palatine, plus développée dans le diamètre transversal, a moins d'étendue d'avant en arrière.

» La grandeur du trou palatin antérieur indiquerait-elle un développement plus considérable du ganglion naso-palatin et un organe du goût plus parfait?

» L'une de ces têtes, très-irrégulière, offre dans les deux moitiés de la boîte crânienne une différence considérable. Ici l'aplatissement, au lieu d'être dans le sens du diamètre antéro-postérieur, est oblique de droite à gauche et d'arrière en avant. Le pariétal gauche est également fort aplati, ce qui diminue beaucoup la capacité du crâne de ce côté : d'où il devait résulter une grande inégalité dans les hémisphères cérébraux. Cette tête ressemble en cela à celle de Bichat, avec cette différence que la dépression postérieure se trouve du côté opposé.

» Une autre tête présente deux saillies osseuses dans le conduit auditif.

» Enfin une dernière, plus petite, semble avoir été celle d'une femme : la partie antérieure est moins large et moins relevée, l'occipital plus bombé à sa partie supérieure, et la portion écailleuse du temporal plus aplatie. C'était très-probablement une jeune femme, puisque les saillies osseuses sont peu prononcées, et qu'aucune suture n'est ossifiée.

» Après avoir fait connaître la constitution physique des Papous, nous allons esquisser rapidement les facultés morales et intellectuelles de ces peuples. Ils sont remarquables par leur circonspection, portée souvent jusqu'à la défiance; ce qui est, d'après l'observation, une sorte d'instinct dans les hommes à demi sauvages, comme chez la plupart des animaux. Il faut ajouter que dans les Papous la défiance doit être souvent mise en jeu par les guerres que leur font les pirates de quelques îles environnantes, qui fondent sur eux à l'improviste et les emmènent en esclavage.

» Sans entrer ici dans de plus grands détails sur leurs costumes, détails qui appartiennent plus spécialement à la partie historique du voyage, nous dirons seulement que lorsque dans un simple canot l'un de nous visita le village de Boni, tous les habitans s'enfuirent dans les bois avant même qu'il eût été possible de les apercevoir. C'est sans doute cet état d'alarme, presque habituel chez ces insulaires, qui leur a fait placer leurs maisons vis-à-vis des récifs dangereux, dont seuls ils connaissent les passages, afin d'avoir le temps de se soustraire à leurs oppresseurs.

» Les Papous paraissent avoir des dispositions au vol. Cette inclination vicieuse est, pour ainsi dire, innée chez tous ces peuples, qui s'y livrent avec plus ou moins de ruse et de dextérité.

» Mais le caractère le plus marqué que présentent les Papous, c'est l'instinct carnassier, assez prononcé pour qu'il en résulte le penchant au meurtre : affreux penchant auquel ces insulaires s'abandonnent avec fureur, et dont les ossemens qui nous occupent sont probablement des témoignages. Le chef ou kimalaha de Guébé nous a assuré qu'il existait des tribus anthropophages dans l'intérieur des îles des Papous. Cette assertion rappela à l'un de nous qu'en abordant l'île d'Ombai, il avait vu suspendue, dans la cabane d'un naturel, au village de Bitoka, une rangée d'os maxillaires. Dans cette île, où, étant en très-petit nombre, nous courûmes les plus grands dangers, quelques Anglais avaient été tués et dévorés six mois auparavant par les féroces Ombaïens.

» La tendance à la superstition, comme chez d'autres peuples plus civilisés, n'est réellement qu'une exaltation des idées religieuses; et à ce sujet nous devons dire ici un mot du soin que ces peuples apportent à la construction de leurs tombeaux. Ce sont de petites cabanes où plusieurs personnes pourraient tenir dans une attitude inclinée. Le corps y repose dans une caisse qui le plus souvent renferme de petites idoles grossièrement sculptées, des bracelets, un peigne et des cheveux : quelquefois on n'y trouve rien, ou peut-être alors ce sont de simples sarcophages élevés à la mémoire de ceux qui, ayant péri dans les combats, restèrent entre les mains des vainqueurs. D'autres fois une statue, placée sous un petit hangar, indique le lieu de l'inhumation; ou bien les dépouilles reposent sur des pieux et sont recouvertes d'une pirogue renversée; monument symbolique qui, ainsi que l'a dit un éloquent écrivain, semble indiquer le naufrage de la vie.

» Les observations que nous avons faites sur les Papous sont favorables à la doctrine du docteur Gall; leur justesse nous ayant paru confirmée jusqu'à un certain point par l'étude des mœurs des individus qui en font le sujet, semble contredire les paradoxes qui, s'indignant des vices de l'homme en société, ont inventé l'homme de la nature tel qu'il n'existe pas, et ont fait un être idéal et séduisant pour lui prêter des attributs de puissance et des moyens de bonheur que la civilisation et les lumières pourraient seules donner.

» Nous devons ajouter que les Papous seraient susceptibles d'éducation, que leurs facultés intellectuelles ne demanderaient qu'à être exercées et développées pour leur faire tenir un rang distingué parmi les nombreuses variétés de l'espèce humaine. »

DE

LA FAMILLE

DES PARADISIERS

OU

OISEAUX DE PARADIS.

DE

LA FAMILLE

DES PARADISIERS

OU

OISEAUX DE PARADIS.

La famille des oiseaux dits de Paradis, les *paradisei* de l'ornithologiste Vieillot, ne forme qu'un seul groupe dans les écrits sur les oiseaux de la plupart des auteurs systématiques. Cette famille répond à l'ancien genre *paradisea* de Linné, de Gmelin, de Latham, de G. Cuvier, de Lacépède, de Duméril, de Daudin, d'Illiger, de Temminck, de Ch. Bonaparte, genre que Brisson nommait *manucodiata*. Lacépède le premier proposa de changer le nom d'oiseau de Paradis en celui plus simple de *paradis* tout court, auquel plus tard on a dû substituer celui de *paradisiers*. Cette famille était rangée par M. Duméril dans sa zoologie analytique avec les passereaux *plénirostres* ou *pléréoramphes* entre les mainates et les rolliers, non loin des corbeaux et des pies. Illiger, dans son *prodromus*, admet le genre *paradisea* dans sa 14e. famille, ou celle des coraces, entre les coracias et les gracula. M. Cuvier éleva ce genre au rang de famille à la suite des rolliers dans ses passereaux conirostres. M. Vieillot, en 1816, proposa dans l'ordre des sylvains de la tribu des anisodactyles, une 14e. famille ou celle des manucodiates, entre les caronculés ou glaucopes et les coraces ou corbeaux. M. Temminck se borna à fixer la place de cette famille parmi les omnivores, entre les martins et les stournes. M. Latreille, en 1825, modifia légèrement les idées de M. Cuvier, et se borna à ranger les oiseaux qui nous occupent dans sa famille des passereaux conirostres après les mainates et avant les stournes.

Nous pourrions encore allonger le tableau que nous ne faisons qu'indiquer, de toutes les fluctuations que le genre *paradisea* a éprouvées dans les méthodes ou les systèmes des ornithologistes ou des polygraphes, mais sans aucun résultat pour la connaissance intime des oiseaux de ce groupe. Depuis Linné, en effet, les espèces du genre *paradisea* ont, quel que soit leur petit nombre, singulièrement varié dans les livres suivant les idées dominantes des méthodistes. Linné lui-même avait entassé dans son genre *paradisea* des volatiles qui appartiennent à d'autres tribus, et les auteurs modernes ont rejeté dans des familles très-diverses plusieurs oiseaux qui sont de vrais paradisiers. De ces ballottemens sans nombre sont nés ces fluctuations et cet arbitraire dans leur classification, qui rendent l'étude de cette riche et somptueuse famille aussi difficile qu'incertaine, aussi vague que remplie de détails contradictoires.

Pour fournir quelques exemples des hésitations dont le genre *paradisea* a été l'objet, il nous suffira de signaler la synonymie de certaines espèces ; ainsi le *paradisea tristis*, ou le martin de l'Ile-de-France, est un oiseau de Paradis pour Linné ; pour Latham un *gracula;* un *pastor* pour Temminck, et ce qui revient au même, un *acridotheres* pour Vieillot ; c'est en effet un *pastor* et non un *paradisea*. Le chalybé ou *paradisea viridis* de Gmelin est pour Latham le paradisier chalybé, *paradisea chalybea*, et les auteurs modernes en font un cassican, *barita* ou *cracticus*, bien qu'il doive être distingué des vrais cassicans et appartenir à notre genre *phonygame*, le même qu'après nous M. Cuvier baptisa du nom de *chalybeus*. Les oiseaux que Latham nomme *paradisea nigra* et *leucoptera* paraissent être deux individus de la pie de Paradis, dont M. Cuvier a fait un merle, et que quelques auteurs décrivent avec les stournes, sous le nom de *lamprotornis gularis*, bien que cette pie de Paradis n'ait aucun caractère des stournes. M. Vieillot en a avec plus de raison constitué le genre astrapie, *astrapia*, regardé par les uns comme un démembrement du genre *corvus*, et relégué à une certaine distance des paradisiers par les autres, ce qui est à nos yeux une erreur. Le *paradisea aurea* de Latham est pour Linné et Gmelin le loriot doré, *oriolus aurea*, et cette opinion est partagée par M. Temminck. Cependant, lorsqu'on examine tous les caractères de cet oiseau, on lui trouve une parfaite identité avec le loriot prince-régent de Quoy, type du genre séricule, *sericulus* de M. Swainson ; or, la forme du bec, la longueur des tarses, les proportions des ailes et de la queue, la nature veloutée du plumage, et la membrane duveteuse des narines ne peuvent autoriser que des observateurs superficiels à réunir ces deux oiseaux avec les loriots dont toute leur économie les éloigne. Enfin, le *paradisea alba* de Gmelin et de Latham, dont Vieillot et Shaw ont fait leur *paradisea nigricans*, et que Levaillant a figuré sous le nom de *nébuleux*, regardé par plusieurs auteurs comme un oiseau factice, ne peut toutefois se ranger dans la famille des paradisiers, car il appartient au genre falcinelle de Vieillot dans celle des épimaques. Le mutilfil, dont les fragmens ont servi à faire ce nébuleux, est en effet un oiseau type qui, avec les *ptiloris*, établit une connexion intime entre la famille des oiseaux de Paradis et celle des épimaques.

Le nom de paradisier, proposé par M. Duméril dans sa zoologie analytique, étant la traduction littérale du mot *paradisea* adopté par Linné et ses continuateurs, a dû être préféré à celui de Paradis, que M. de Lacépède le premier chercha à faire prévaloir en place de celui d'oiseau de Paradis introduit dans le langage vulgaire. M. Vieillot, dans le nouveau dictionnaire d'histoire naturelle, guidé par des analogies de formes extérieures, démembra l'ancien genre *paradisea*, et proposa des coupes nouvelles sous le nom de samalie *(paradisea)*, de manucode *(cicinnurus)*, de lophorine *(lophorina)*, et de sifilet *(parotia)*. Mais, comme nous espérons le prouver, ces distinctions ne sont point suffisantes ni assez caractéristiques.

De tout ceci il résulte une divergence dans les opinions des ornithologistes telle, qu'il serait fastidieux d'en rechercher les motifs. On doit supposer que, presque constamment étudiés sur des dépouilles altérées et mutilées, ces oiseaux n'ont pu recevoir des diagnoses nettes et précises, et que, par suite, leurs descriptions incomplètes se sont prêtées à toutes les idées de classemens qu'il a plu aux divers auteurs de proposer. Bien que l'incertitude, qui date des écrits de Linné, subsiste encore relativement à quelques espèces, toujours est-il que les détails recueillis sur leurs mœurs et sur l'organisation de la plupart d'entre elles doivent permettre de préciser leurs caractères zoologiques en les distinguant nettement des autres volatiles.

Considérés d'une manière générale, les oiseaux de Paradis ou paradisiers présentent les particularités suivantes : leur taille varie depuis celle d'un geai jusqu'aux proportions de l'alouette ; leur plumage est remarquable, non seulement par l'éclat des vives couleurs qui le teignent, mais encore par l'élégance sans pareille de sa texture et de ses formes. En général les plumes du front et de la gorge, de même que celles qui recouvrent les membranes des narines, sont plus ou moins courtes, serrées et d'une nature tomenteuse, imitant par sa souplesse et sa douceur un tissu de velours. Les plumes des flancs s'allongent en panaches délicats et fragiles ou s'arrondissent en gemmes scintillans à leur sommet; parfois le manteau est ample, parfois la gorge chatoie comme un émeraude ou se recouvre de lames d'or. Des brins diversiformes partent de la queue : quelquefois enfin ce plumage est uniformément et simplement velouté ; mais toujours on le distingue par une certaine laxité des plumes, laxité que l'on retrouve chez tous les oiseaux de cette famille. La tête est médiocre, sans huppe, sans nudité autour des yeux ; le bec, qui est solide, est ou plus court ou à peu près de la longueur de la tête. En général cet organe est comprimé sur les côtés, à arête légèrement recourbée et moins large que haut. Ses bords sont droits, entiers, excepté à la pointe, où les mandibules sont plus ou moins échancrées ; l'inférieure est très-aiguë et notablement comprimée sur les côtés. Les narines sont basales, latérales et plus rapprochées du bord que de la voûte du demi-bec supérieur. Les fosses nasales sont amples, ovalaires ou elliptiques, et fermées par une membrane recouverte de plumes très-courtes et très-denses qui se continuent avec les plumes du front. L'ouverture des narines très-étroite se trouve percée sur le rebord des plumes veloutées. La langue est aiguë, légèrement laciniée à ses bords et surtout à sa pointe. Les ailes sont alongées, amples, robustes, bien que leurs remiges soient obtuses ; elles dépassent tant soit peu le croupion. Leur queue est droite, médiocre et formée de douze rectrices toutes légèrement arrondies à leur sommet, excepté deux d'entre elles qui, dans quelques cas, s'allongent considérablement en brins membranacés tortillés et rigides. Leurs jambes sont emplumées jusqu'aux tarses, et ceux-ci sont forts et robustes. L'acrotarse est garni de longues scutelles assez larges qui se prolongent sur les doigts. Le pouce est puissant et un peu plus grand que le doigt du milieu, et ce dernier dépasse un peu les doigts interne et externe : tous sont armés d'ongles comprimés, très-robustes, crochus et creusés en dessous. En général la longueur du tarse est un peu plus grande que celle du doigt du milieu l'ongle compris ; et toutes les plumes se composent de barbes garnies sur les bords de barbules extrêmement fines.

La livrée de tous les oiseaux de cette famille varie suivant les sexes et les âges. Les mâles dans leur parure de noces possèdent seuls cette admirable vestiture qui depuis long-temps les a rendus célèbres ; les femelles, au contraire, déshéritées de brillans atours, ont un plumage terne et sans éclat ; de plus elles ne présentent ni les brins de la queue, ni les faisceaux des flancs, ni l'ampleur du manteau. Il en est de même des jeunes mâles qui, dans les trois premières années de leur existence, ressemblent aux femelles à s'y tromper, et ne commencent à prendre les brins de la queue qu'une année avant les parures dévolues à leur sexe par la période adulte.

Il serait fastidieux d'enrégistrer toutes les opinions émises sur les paradisiers. Nous ne devons pas taire cependant que le charlatanisme et le désir d'accroître la réputation d'oiseaux déjà assez beaux par eux-mêmes, ont long-temps maintenu l'idée erronée que les oiseaux de Paradis vivaient privés de jambes, erreur populaire que Linné a sanctionnée en donnant à l'émeraude le nom trivial d'*apoda*. Cependant dès 1521 Pigafetta avait formellement dit (Journal du premier voyage autour du monde, traduction française, pag. 197); « On nous donna pour le roi d'Espagne deux oiseaux morts très-beaux de la » grosseur d'une grive, à la tête petite et à bec » long: les *jambes de la grosseur d'une plume* » *à écrire*. Cet oiseau ne vole que lorsqu'il y a » du vent; *on dit* qu'il vient du Paradis terrestre, et on l'appelle *bolondinata*, c'est-à-dire » *oiseau de Dieu*. » Enfin le *museum wormianum* (petit in-folio, Lyon, 1655, pag. 294) avait donné très-anciennement une figure exacte gravée sur bois d'un paradisier émeraude dessiné avec ses pieds. On doit même remarquer que le nom de *manucodiata* est appliqué à cette espèce, tandis que plus tard on le réserva exclusivement au petit paradisier dit le *roi des oiseaux de Paradis*. Le caméléon des airs, *chamœleon aereus* du *museum Calceolarium*, est encore le paradisier émeraude, que décrivent avec de nombreux détails Aldrovande, Séba, Valentyn, Forest, Sonnerat et Forster.

Les contes puérils débités sur les oiseaux de Paradis ont été basés sur l'état habituel de mutilation qu'éprouvent ces êtres de la part des peuplades sauvages qui en font l'objet de leurs chasses actives, et qui les vendent aux corocores malais et aux jonques chinoises qui visitent les rivages de la Papuasie. C'est en effet en les écorchant grossièrement, en leur enlevant les jambes et les os du crâne, et en remplaçant les parties charnues du corps par un morceau de bois arrondi qu'ils font sortir par le bec, en les desséchant enfin au feu qu'ils les préparent pour les conserver et les vendre. Nous n'avons jamais vu appliquer le procédé que décrit Othon Helbigius (Coll. acad., t. 3, pag. 443, partie étrangère), qui consiste à enlever les entrailles, et traverser le corps par un fer rouge pour opérer une sorte de cuisson. C'est aussi complétement à tort que Levaillant attribue l'apparence de velours naturel ou le hérissement des plumes de la tête et du cou au racornissement de la peau produit par la dessiccation et les procédés barbares dont se servent les naturels pour leur préparation. Il est bien vrai que les Papous enlèvent les os du crâne et font sécher les peaux écorchées sur des roseaux, bien que nous doutions que ce soit à l'aide du soufre, ainsi que le dit Levaillant, et qu'il en résulte une diminution considérable de la tête et du cou; mais on ne peut plus aujourd'hui se tromper sur le volume réel de ces parties, puisque, dans nos voyages, nous avons tué un bon nombre de ces oiseaux, et que leurs dépouilles, préparées d'après les procédés de la taxidermie européenne, se trouvent dans plusieurs des musées de Paris. Nous reviendrons sur ce sujet en décrivant le paradisier émeraude.

Des oiseaux supposés venir du ciel, ou habiter le Paradis terrestre, ne devaient vivre que de rosée, que d'essence; ils étaient sensés puiser leur seule nourriture dans l'eau condensée sur les feuilles, dans les vapeurs légères que dissipent les rayons du soleil!! Moins crédule, *Bontius*, d'un autre côté, exagère en les disant carnassiers au point de dévorer des petits oiseaux, et Sonnerat représente le paradisier, dit *le superbe*, tenant sous ses ongles un faible oiseau qu'il va déchirer. Mais Helbigius, voyageur de la compagnie des Indes hollandaises, s'est le premier rapproché de la vérité, en disant qu'ils se nourrissent de divers fruits et notamment des baies de *Waringa* ou *ficus benjamina* (Rumph.

pl. 55), et Linné ajoute qu'ils recherchent les insectes et surtout les grands papillons, bien que leur pâture favorite consiste en épices, au point qu'au temps de la maturation des muscades on voit, dit-on, les paradisiers émeraudes voler en troupes nombreuses comme le font les grives d'Europe à l'époque des vendanges. D'un autre côté, l'ampleur de la commissure du bec annonce évidemment que tous les oiseaux de Paradis sont gloutons, voraces, et par suite omnivores.

En dépouillant le genre des oiseaux de Paradis de tout le merveilleux dont on s'est plu à l'embellir, ce que nous savons des mœurs des émeraudes et manucodes nous prouve que l'organisation porte avec elle des analogies d'appétits, et que ces espèces étant des races trapues et voisines des corbeaux, comme ceux-ci elles doivent être omnivores et partager leurs goûts comme leurs habitudes. C'est en effet ce qui a eu lieu, et les oiseaux de Paradis recherchent aussi bien les fruits que les insectes, les larves et les vers les bourgeons des arbres.

La patrie de tous ces oiseaux est assez restreinte; ils ne franchissent guères les limites des terres brûlantes dont l'ensemble forme ce que nous appelons *Papuasie*, terres situées sous l'équateur, entre la Malaisie et l'Australie, et comprenant ce que l'on connaît sous le nom de Nouvelle-Guinée, d'îles de Waigiou, d'Arou et îlots environnans. Toutefois le *séricule prince-régent* est de la Nouvelle-Galles du sud. Suivant les auteurs d'ornithologie, quelques espèces fréquentent les buissons : mais c'est une erreur d'admettre avec eux qu'elles habitent de préférence les bois, en se perchant sur les arbres élevés, *sans toutefois se poser sur leur cime*, d'où le vent pourrait les renverser, en jetant le désordre dans leurs faisceaux de plumes. Il est douteux, suivant les mêmes sources, que les naturels attachent des huttes légères, d'où ils les tirent avec des flèches émoussées. Nous donnerons à cet égard quelques renseignemens que nous nous sommes procurés à la Nouvelle-Guinée, lorsque nous parlerons du petit émeraude et du manucode. MM. Quoy et Gaimard (Voyage de *l'Astrolabe*; zool. t. I, pag. 155, 1830), qui visitèrent après nous le hâvre de Doréy, fournissent quelques aperçus que nous nous empressons de recueillir, bien que de la nature de ceux que nous avons insérés en 1828 dans notre manuel d'ornithologie (t. I., pag. 387). « Les grands bois, » disent ces voyageurs, qui couronnent les hau- » teurs de Doréy, sont d'une beauté vraiment » admirable, et présentent l'un des plus magni-

» fiques spectacles que nous ayons vus dans les
» régions équatoriales. Quoique les arbres se
» touchent par leurs cimes, ils sont assez écartés
» par la base pour qu'on puisse s'y promener
» et suivre les sentiers que les habitans y ont
» tracés. C'est dans ces lieux que se tiennent les
» calaos, les pigeons couronnés, la nombreuse
» famille des perroquets, les tourterelles en
» grand nombre, et surtout l'oiseau de Paradis
» émeraude. Au mois d'août, époque à la-
» quelle nous nous trouvions à Doréy, on voyait
» une grande quantité de jeunes mâles parmi
» les femelles, avec lesquelles il est assez facile
» de les confondre, parce qu'ils n'ont point en
» core ni leurs beaux paremens, ni la tête et
» le cou émeraudes; cependant ils sont un peu
» plus grands et plus élancés. Nous n'arrivâ
» mes à la connaissance de ce fait qu'en vérifiant
» le sexe. On tua aussi plusieurs jeunes mâles qui
» n'avaient que les deux longs brins. Nous re
» marquâmes que quelques-uns de ces brins ont
» d'un seul ou de deux côtés des barbules dans
» une certaine étendue, le plus souvent près de
» leur origine. C'est le contraire de ce qui a lieu
» dans les drongos et les engoulevens. Ces
» beaux paradisiers, vifs, remuans, ne demeu
» rent pas long-temps à la même place. Les fe-
» melles font entendre à peu près le même cri

» que les mâles. Le paradisier grand émeraude
» nous paraît peu fréquenter cette partie de la
» Nouvelle-Guinée : c'est surtout des îles d'Arou
» qu'on le tire. »

LES VRAIS PARADISIERS

(*PARADISEA.* Less.)

(Planche Ire.)

Les oiseaux qui appartiennent à la tribu des vrais paradisiers sont remarquables par la plus grande similitude dans l'ensemble de leur organisation. Dans l'opinion de quelques personnes, deux espèces seulement lui appartiennent : l'émeraude et le paradisier rouge; pour des observateurs attentifs, l'émeraude présente deux races non-seulement variables par la taille, mais encore par les couleurs du plumage et par les circonscriptions de pays. Les anciens auteurs parlent fréquemment de ces paradisiers sous le nom de *manucodiates*, nom que nous trouvons aussi bien dans Brisson que dans Hernandez, Clusius et autres, bien que plus tard on l'ait exclusivement attribué à l'espèce appelée le *roi des Paradis*. Ces paradisiers, enfin, répondent aux oiseaux que M. Vieillot appelle *samalies*, sans que nous soyons fixés sur la vraie origine de ce nom barbare.

Les paradisiers ont la taille du geai de France; ce sont des oiseaux remarquables par des formes robustes et des membres pleins de vigueur, ayant leurs flancs couverts par des faisceaux de plumes souples, légères et admirables dans leur élégance. Deux longs brins tenant lieu de rectrices moyennes dépassent la queue; un encadrement de plumes courtes et veloutées forme un masque sur la partie antérieure de la tête. Ces plumes, d'une nature douce et serrée, reflètent l'éclat de l'émeraude; le reste du plumage, à part les flancs, n'a rien de particulier; car les individus du sexe mâle sont seuls possesseurs des parures qui ont rendu ces oiseaux célèbres. Les femelles et les jeunes, complétement déshérités, n'ont que des vêtemens simples, et rien dans leur extérieur n'est propre à fixer les regards superficiels. Les plumes, appelées rémiges et rectrices, sont droites et assez résistantes; les pieds surtout sont remarquables par une puissance de préhension qu'on retrouve chez tous les oiseaux de la famille des corbeaux.

En dernière analyse, les caractères spécifiques qu'il serait convenable d'assigner aux oiseaux qui nous occupent seraient, dans le langage des zoologistes, les suivans : leur tête est arrondie, recouverte de plumes veloutées en devant et parfois légèrement prolongées sur l'occiput, de manière à former deux sortes de petites houppes; leur bec est robuste, dur, aussi long que le crâne, légèrement vouté, comprimé sur les côtés. Le sommet de la mandibule supérieure est échancré, la pointe de l'inférieure l'est également de chaque côté, disposition du bec qui a cela de remarquable de se retrouver chez tous les oiseaux de Paradis aussi bien que chez les séricules et les épimaques. Les fosses nasales sont basales, latérales, profondes et en grande partie recouvertes par les plumes avancées du *capistrum*. Toutefois les plumes veloutées ne cachent point la fosse entière, et les narines communiquent librement en dehors à la partie antérieure. La langue est amincie et légèrement ciliée sur les bords. Le sternum est étroit, surmonté par un bréchet mince, aigu au sommet, atténué en bas, et présentant de chaque côté du bord inférieur une échancrure ovalaire simulant un trou. Les ailes dépassent un peu le croupion; la première rémige est médiocre, et les plus longues se trouvent être les quatrième et cinquième. La queue est moyenne rectiligne, composée de dix rectrices et de deux longs brins chez les mâles adultes et de douze chez les jeunes et les femelles. Les jambes, emplumées jusqu'aux talons, se terminent par des tarses garnis de longues scutelles; le pouce est fort, et le doigt extérieur est légèrement soudé au médian; les ongles sont très-acérés et aigus.

Les vrais paradisiers semblent vivre en bandes dans les profondes forêts de la Papuasie, terre, comme l'on sait, formée d'îles agglomérées sous l'équateur, telles qu'Arou, Waigiou et la Nouvelle-Guinée. Ce sont des oiseaux de passage changeant de districts, à ce que l'on suppose, suivant les moussons. Les femelles se réunissent en grand nombre sur les sommets des arbres les plus grands des forêts en criant toutes à la fois dans le but sans doute d'appeler les mâles. Ceux-ci nous ont toujours paru solitaires au milieu d'une quinzaine de femelles, parmi lesquelles ils régnaient à la manière des coqs sur des essaims de poules.

C'est de fruits que se nourrissent le plus ordinairement les paradisiers; les mâles ne se mettent guères en quête de leur nourriture que le soir et le matin; ils restent tapis sous le feuillage dans le milieu du jour; leur cri est fort et accentué. Nous ne nous procurâmes des dépouilles du grand paradisier émeraude qu'à Amboine. Les trafiquans malais ne les reçoivent dans cette métropole des possessions hollandaises aux Indes orientales que par les corocores de la grande île de Céram. Or, cette espèce paraît bien évidemment confinée aux îles d'Arou et peut-être dans la partie méridionale de Céram même. D'un autre côté, nous n'avons jamais vu de paradisier émeraude dans l'île de Waigiou; mais les naturels nous apportèrent des peaux de paradisiers rouges conservées dans des bambous, et comme nous y tuâmes la femelle qui est figurée dans cet ouvrage, on doit assigner l'île de Waigiou pour patrie à cette magnifique espèce. Enfin la quantité prodigieuse de petits émeraudes mutilés en panache que nous vendirent les Papouas du nord de la Nouvelle-Guinée, et le grand nombre de mâles et de femelles que nous tuâmes sur le pourtour du hâvre de Doréy, nous autorisent à regarder cette partie de la terre des Papous comme le pays où cette espèce est extraordinairement commune et où elle vit d'une manière permanente.

Les parures des mâles en plumage de noces se composent de faisceaux ou d'un jaune tendre ou d'un rouge admirable; un marron plus ou moins foncé, un jaune plus ou moins pur, colorent le reste du plumage; les rectrices comme les rémiges sont marron; une plaque émeraude forme un hausse-col sur la gorge, et le bec de couleur de corne est encadré de vert noir.

Oiseaux de Paradis.

Caractères des Paradisiers vrais. G. N. (Paradisea)

Publié par Arthus Bertrand

Prêtre pinx. Lesauvage imp Visto sculp

PLANCHE Ire.

(CARACTÈRES ZOOLOGIQUES DU GENRE **PARADISEA.**)

Fig. 1. Le bec du *paradisea minor*, vu de profil et de grandeur naturelle.

Fig. 2. Le même, dessiné au trait pour figurer la fosse nasale.

Fig. 3. Le même vu de face.

Fig. 4. Une plume des flancs, isolée et réduite.

Fig. 5. Plume hypochondriale isolée.

Fig. 6. Plume des faisceaux des flancs.

Fig. 7. Portion du brin de la queue.

Fig. 8. Facette latérale de ce même brin très-grossi.

Fig. 9. Tarse isolé,

Fig. 10. Sternum, vu de face.

Fig. 11. Le même, vu de profil.

LE PARADISIER PETIT ÉMERAUDE.

(*PARADISEA MINOR.*)

(Le male adulte, pl. 2; la femelle, pl. 3; le jeune male, pl. 4; le très-jeune male, pl. 5.)

(Le male adulte, *Pl.* 2, *au* $\frac{1}{3}$ *de G. N.*)

L'épithète de *petit*, ajoutée au nom de *paradisier émeraude*, fait pressentir que les naturalistes reconnaissent une espèce de taille plus grande, bien que la plupart aient prétendu que ces deux manières d'être n'étaient que des variétés l'une de l'autre. Linné, Latham et Daudin n'ont indiqué en effet le *petit paradisier émeraude* que comme une variété de celui que nous figurons, Pl. 6, sous le nom de *grand paradisier émeraude*. M. Cuvier a partagé la même opinion en avouant que les deux sortes d'oiseaux appartenaient à la même espèce, et que l'on pouvait au plus reconnaître deux races, l'une de taille plus petite relativement à celle plus grande dont on faisait le type spécifique; mais c'est avec justesse que Forster le premier sépara en deux espèces, bien tranchées par leurs caractères, ces

Oiseaux d 2

Le Paradisier Petit-émeraude, Mâle adulte.

Publié par Arthus Bertrand

Prêtre pinx. Lesauvage imp. Schmelz sculp.

deux sortes d'oiseaux, et nous voyons Shaw et Wagler partager cette manière de voir.

Le petit paradisier émeraude, bien que semblable par la coloration de son plumage au grand émeraude, n'habite pas les mêmes points de la Nouvelle-Guinée que ce dernier. Il est beaucoup plus commun que lui ; sa taille moindre n'est pas la seule particularité de son organisation qui l'en fasse distinguer. Son plumage possède des nuances plus fraîches et plus vives, ses membres ont d'autres proportions. Ne voyons-nous pas d'ailleurs les mêmes circonstances se reproduire dans les caractères des colombes magnifique et vierge ? La première, de forte taille, habite le nord de la Nouvelle-Hollande ; la seconde, très-mince dans ses proportions, fluette et débile, vit au contraire dans les épaisses forêts de la Nouvelle-Irlande ; et cependant chez ces deux espèces, identité complète dans la coloration de la livrée, identité absolue dans les formes et les caractères.

Le *petit paradisier émeraude* est de la taille du *geai* de France, et sa longueur ne dépasse guères 13 à 15 pouces sans y comprendre les filets de la queue. Desséchées et racornies, les peaux qui parviennent en Europe pour faire des panaches ne donnent qu'une idée fort imparfaite des proportions robustes et trapues que possède l'oiseau en vie. Les plumes du front constituent un bandeau d'un vert émeraude passant au vert de velours à reflets noirs et changeans; et cette coloration teint encore les plumes du devant du cou en affectant une nuance plus fraîche. Le dessus de la tête, les côtés et le dessus du cou jusqu'au manteau sont d'un jaune pâle, tandis que le reste du dos, de même que les ailes et la queue, sont d'un marron clair, passant au brun cannelle sur les parties inférieures du corps. Le bec est recouvert d'une lame cornée blanche sous laquelle domine un teinte bleue. Les tarses sont bleuâtres; l'œil plein de feu et de vivacité a l'iris jaune d'or. Les brins marrons sont minces, couverts d'un seul côté de légères et très-courtes barbules. Les deux faisceaux des flancs sont colorés par un jaune luisant que relèvent quelques traits longitudinaux marron lustré, et sont lavés de blanc à leur extrémité, souple, molle et comme nuageuse.

Le paradisier petit émeraude a les mouvemens vifs et agiles, et les mœurs de la plupart des coraces. Dans les forêts qu'il habite, il recherche la cime des plus grands arbres, et lorsqu'il descend sur les branches intermédiaires, c'est pour chercher sa nourriture, ou pour se protéger des atteintes du soleil quand cet astre est au plus haut point de sa course diurne : il fuit ainsi l'influence de la chaleur et aime l'ombre que produit l'épais et touffu feuillage des tecks. Il abandonne rarement ces arbres dans le milieu du jour, et ce n'est que le matin et le soir qu'on le voit en quête de sa nourriture. Ordinairement lorsqu'il se croit seul il fait entendre un cri perçant, fréquemment répété, que rendent avec exactitude les syllabes *voike*, *voike*, *voiko*, fortement articulées. Ces cris, à l'époque de notre séjour à la Nouvelle-Guinée en juillet, nous parurent être un appel pour les femelles, groupées, caquetant par vingtaines d'individus sur les arbres environnans, obéissant ainsi à la voix de l'amour. Jamais dans ces troupes appartenant au sexe conservateur du produit de la génération, nous ne vîmes qu'un mâle, s'ébattant orgueilleux au milieu de celles-ci simples et sans parures, tandis que lui, dandy emplumé, ressemblait au coq qui chante victoire après avoir battu un rival et conquis la souveraineté d'une basse-cour. Le paradisier petit émeraude serait-il polygame? ou bien ce nombre disproportionné de femelles tiendrait-il à ce que les indigènes, par la chasse continuelle qu'ils font aux mâles, en amènent la dépopulation, et négligent celles-ci qui se trouvent ainsi vivre en paix sans inquiétude des hommes, et n'ayant à se protéger que de leurs ennemis naturels, les bêtes des bois?

C'est alléchés par ces *voike, voiko*, que dans nos chasses il nous devint facile de suivre à la piste les paradisiers et d'en tuer un assez grand nombre. Le premier individu que nous vîmes nous émerveilla tellement que le fusil resta muet dans nos mains tant notre ébahissement fut profond. Nous cheminions avec précaution dans des sentiers tracés par les cochons sauvages dans les profondeurs ombreuses si touffues des alentours du hâvre de Doréy, lorsqu'un paradisier petit émeraude volant, au-dessus de notre tête avec grâce et souplesse par bonds pleins de légèreté, nous sembla une bolide dont la queue de feu laisse derrière la masse qui fend l'air une longue traînée de lumière. Cet oiseau de Paradis, serrant ses parures contre les flancs, ressemblait sans hyperbole au panache échappé de la chevelure d'une houri se balançant mollement sur la couche d'air qui enveloppe la croûte terrestre de notre planète.

Lorsqu'un bruit inaccoutumé vient frapper l'oreille du petit émeraude, son cri cesse, ses mouvemens font place à la plus parfaite immobilité. Il reste caché dans l'épaisseur du feuillage qui le dérobe à la vue du chasseur; mais si le bruit continue il ne tarde pas à s'envoler. Il se perche sur les rameaux les plus élevés des plus hauts arbres de la Nouvelle-Guinée; il devient fort difficile de le tirer à moins de se servir d'armes à feu à longues portées, tels que les fusils du calibre de guerre, car il ne tombe qu'autant qu'il est tué raide, et la portée convenable à laquelle il faut l'ajuster n'est guères moindre de 150 pas. Il va sans dire qu'on doit se servir de gros plomb. Lorsqu'il n'est que blessé il expire dans les halliers; cependant il nous arriva un jour de trouver mourant sur les bords d'un réservoir d'eau dans le lit d'un torrent à demi desséché, un de ces oiseaux qui avait été blessé la veille. C'est donc le soir, ou mieux le matin, que le chasseur doit se rendre au guet après avoir soigneusement reconnu les arbres chargés de fruits sur lesquels doivent venir se poser les paradisiers. Là, dans une complète immobilité, il attendra avec patience la venue des émeraudes que leur cri brusque et fort décèlera bientôt. A l'époque de notre séjour sur cette terre de promission pour les naturalistes (du 26 juillet au 9 août), ces volatiles recherchaient les capsules légèrement charnues des tecks, mais surtout les fruits blancs rosés et très-mucilagineux du *figuier amihou*. Toutefois, nous trouvâmes dans leur gésier des insectes, et lors de notre séjour à Amboine, deux oiseaux de Paradis émeraudes, que nous vîmes en vie chez un riche marchand chinois, étaient nourris avec de grosses blattes et du riz bouilli.

Les Papous prennent ces oiseaux en vie avec des bâtons enveloppés de la glu qu'ils retirent du suc laiteux de l'arbre à pain : mais il leur est plus facile de les tuer, en grimpant pendant la nuit à la manière des chats et silencieusement, sur les arbres où ils dorment. Lorsqu'ils arrivent aux divisions les plus faibles des branchages, ils s'arrêtent, attendent avec un calme imperturbable la naissance du jour, et ajustent leur proie avec des flèches faites avec des rachis de feuilles de latanier. Leur coup d'œil est si parfait, et la raideur du trait qu'ils décochent est assez puissante pour percer l'oiseau qu'ils visent avec une merveilleuse adresse. Heureux de leur capture, ils s'empressent de l'écorcher grossièrement ou d'arracher les chairs avec les pates et souvent les ailes, puis de dessécher au feu ces peaux enfilées sur un petit bâton; souvent aussi ils les renferment dans une tige creuse de bambous en les exposant à la fumée. Les Malais, depuis longtemps en possession d'acheter ces dépouilles pour les porter aux Moluques d'où elles sont expédiées en Europe, en Chine et dans l'Inde continentale, ont cependant établi des différences dans les prix suivant le degré de conservation; aussi les indigènes font-ils en sorte aujourd'hui de ne point mutiler les oiseaux qu'ils prennent et dont ils se défont d'autant plus facilement que leur plumage est moins endommagé. Les campongs d'*Emberbakène* et de *Mappia* sur la côte nord sont ceux qui préparent le plus de ces peaux que les Malais nomment *bourong maté* (oiseaux morts), et c'est de ces deux villages qu'il s'en exporte les quantités les plus considérables.

Ces dépouilles écorchées, séchées dans des tubes de bambous, sont donc expédiées en Europe pour servir au luxe des modes et orner la chevelure des femmes opulentes. Les oiseaux de Paradis sont refaits par les plumassiers, qui emploient des corps en liége sur lesquels ils adaptent la tête et quelques parties de la peau du dos et des flancs que l'on recherche pour leur molle souplesse, et la grâce du panache qu'elles font en se recourbant; ce sont ces plumes nuageuses que l'on assemble souvent d'une manière factice, en réunissant plusieurs faisceaux enlevés à des peaux avariées ou mal préparées. Ces brins doivent être d'un jaune d'or pur, frais et intacts, ou du moins salis le moins possible à leur extrémité. Ce jaune d'or est des plus fugaces, et un oiseau de Paradis exposé au contact de la lumière du soleil ou même de celle des bougies dans les réunions dansantes, ne tarde point à se décolorer, et la nuance dorée à passer à une teinte blafarde. Les plumassiers et les préparateurs d'objets d'histoire naturelle savent, il est vrai, reteindre ces plumes de manière à tromper l'œil même exercé d'un naturaliste, et c'est ce qui fait que ces parures sont rarement fraîches à Paris.

Les Papous font le commerce des oiseaux de Paradis depuis un temps immémorial et bien avant la conquête des Moluques par les Européens. Leurs dépouilles, prisées par le luxe asiatique, servaient de parures aux chefs puissans des diverses contrées de l'Inde australe, et ornent encore le turban des sultans indiens, la coiffure et surtout le yagatan des radjahs malais. Cette parure n'obtint pas moins de succès en Europe, car les femmes la recherchèrent avec d'autant plus d'avidité qu'elle resta long-temps rare et qu'il fallut l'acquérir à un haut prix. Le panache que forme l'oiseau de Paradis émeraude ne sied bien toutefois que sur un berêt à l'orientale, car il nuit à l'effet de la physionomie même la plus gracieuse lorsqu'il est placé dans une chevelure souple et ondoyante. Aux blondes et aux brunes dans les belles années de la vie, des fleurs, rien que des fleurs. Aux femmes sur le retour des plumes! Pour celles-ci l'éclat de cet ornement attire en première ligne les regards et s'harmonie mieux avec les effets officieux d'une toilette artistique et réparatrice des injures du temps. Une gracieuse tête de jeune femme, pure encore, et non ternie par l'expérience de quelques années de mariage, paraît enlaidie par un oiseau de Paradis, car le regard flotte incertain entre les traits qui le captivent et une parure qui l'attire impérieusement. Nous ne savons si c'est une peinture réelle avec couleur locale qu'a tracée M. Eugène Sue dans son roman de la *Vigie de Koatven* (t. IV, p. 287), lorsqu'il dit « au-dessus du trône » d'Hyder-Ali, un *Humai (oiseau de Paradis)* » de grandeur colossale et d'or massif, étendait » ses ailes. Mais ces ailes, couvertes d'opales, de » rubis et d'émeraudes, étaient si admirable- » ment travaillées, qu'on retrouvait dans cette » imitation jusqu'aux nuances les plus délicates » de ce plumage éblouissant. »

Les anciens ont-ils connu les oiseaux de Paradis, surtout l'espèce la plus répandue, celle dont nous nous occupons dans cet article? Nous répondrons par l'affirmative. Ils colonisèrent la plupart des archipels de la Malaisie. Car les Égyptiens et les Indiens y ont laissé des traces évidentes de leur passage en s'avançant jusque au sud des terres de la Papouasie. Les oreillers en bois des Papous, leurs idoles, leurs bracelets, semblables en tout aux *armilla* des Égyptiens et des Gaulois, et diverses coutumes traditionnelles ne permettent pas de douter que les Grecs et les Romains n'aient confondu sous le nom d'Arabie les terres océanes et indiennes qui constituent les archipels de l'est.

Ptolomée pensait d'ailleurs que les extrémités de l'Asie se réunissaient à une *terre inconnue* qui joignait l'Afrique par l'occident (1). Certes ce que les anciens ont dit du *phœnix* d'après Hérodote, ce père de la géographie historique, a dû primitivement se rapporter à l'oiseau de Paradis, et les récits fabuleux que l'on retrouve dans tous les livres d'histoire naturelle de la renaissance des lettres, font-ils autre chose que d'amplifier cette phrase d'Hérodote : « On trouve » chez les Persans (qui les recevaient par le commerce des navigateurs malais et autres) un » petit oiseau nommé *rhyntaces*, dont l'intérieur » est sans excrémens, mais seulement rempli de » graisse ? Il en est qui disent qu'il se nourrit » exclusivement d'air et de rosée ». N'est-ce pas un oiseau de ce genre dont parle Aristote, en lui donnant l'épithète de *cinnamomus* ou *cinnamulgus*, qui faisait son nid dans les grands arbres avec des rameaux de cannelle et que les naturels tuaient pour avoir cette cannelle plus fine que

1 Châteaubriand, voy. aux États-Unis, *Discours préliminaire*.

celle des autres branches ? Pline, recueillant dans sa vaste encyclopédie les traditions égyptiennes, rapporte ce qu'elles consacraient relativement au phœnix, puis il résume les rêveries mystiques d'un certain Manilius, sans y ajouter un mot de réfutation, et tout en louant au contraire la sagacité de cet écrivain. Pline dit donc (lib. X, cap. II) : « Les oiseaux d'Éthiopie et de » l'Inde sont remarquables par l'éclat et la variété » de leurs couleurs. Mais le phœnix d'Arabie est » le plus admirable d'entre eux : il a la taille d'un » aigle, le cou de couleur d'or, le plumage pour» pre, la queue bleuâtre avec du rose, ayant un » fanon sous le gosier et une huppe sur la tête. » Or, qui ne voit dans cette description, aussi exacte que l'on pouvait la faire alors, que le style descriptif en histoire naturelle n'existait pas, qu'il s'agit du faisan doré encore très-rare, mais transporté des régions montueuses du Caucase et de l'Indo-Chine, et dont l'éclatant plumage, en séduisant les yeux, consacra la tradition d'un oiseau beau entre les plus beaux, nommé le phœnix ? Le premier qui fut montré au peuple, parut l'an 800 de la fondation de Rome sous l'empereur Claude.

Manilius ajouta que le phœnix n'avait jamais été vu par personne prenant de la nourriture, mais qu'en Arabie il avait vécu 660 ans, parce qu'il était consacré au soleil, et que, se sentant vieillir, il composait son nid des rameaux de casse odorifère (cannelle), et d'encens dans lequel il expirait au milieu des suaves odeurs qui s'en échappaient. Puis de ses dépouilles naissait un ver destiné à engendrer le *poussin*, qui devait grandir et former un nouveau phœnix sur la terre. De ce phœnix, les Romains firent un emblème mystique de la grande révolution des astres, telle que la consacrent les Tables Alphonsines, ou de la période de 25,000 ans des modernes; ou suivant l'opinion adoptée par Pline, le type de la révolution *séléno-solaire* de 532 ans, *l'annuus vertens* de Platon.

Pomponius-Méla (Lib. 3, cap. VIII) en décrivant le pays des Penchéens surnommés *Ophiophages*, situés au delà du golfe Arabique (*), semble parler de Bornéo ou de Sumatra, car il décrit des orangs sous le nom des pygmées, des lézards volans du genre *draco*, puis le phœnix. Voici ce qu'en dit cet ancien auteur : « Parmi » les oiseaux le plus digne de remarque est le » phœnix, toujours unique dans son espèce, car » il n'a ni père ni mère. Après avoir vécu sans

(*) Les anciens se servaient fréquemment du mot *Arabie* pour désigner diverses contrées de l'est, absolument comme les Européens le font encore aujourd'hui du nom si vague et si mal défini *Inde*.

» interruption pendant 500 ans, il se compose » un nid de différentes sortes d'herbes aromati- » ques, sur lequel il se dissout et se consume. » Alors, retrouvant dans sa propre décomposi- » tion le germe d'une vie nouvelle, il se conçoit » et renaît de lui-même. Dès qu'il a pris un cer- » tain accroissement, il renferme ses anciens res- » tes dans de la myrrhe, les porte dans une » ville d'Égypte appelée *Héliopolis*, les dépose » dans le sanctuaire du temple du soleil sur un » bûcher de bois odoriférant, et se rend ainsi à » lui-même les honneurs de la sépulture. »

Or, cette similitude entre l'exposé de Pline et de Pomponius-Méla prouve que ces deux auteurs n'ont fait que rapporter une de ces croyances vulgaires, si communes de leur temps. Le phœnix de Pline est donc évidemment le faisan doré, tels que les Égyptiens navigateurs l'avaient reçu de l'Inde, mais en entremêlant à son histoire des récits fabuleux. D'ailleurs, les animaux utiles ou nuisibles, rares et beaux, faisant partie de leur adoration religieuse, il en résulte que les poëtes renchérirent, par des récits emphatiques, sur leurs qualités et sur les merveilles d'une existence fantastique. C'est ainsi qu'on signale en Égypte quatre apparitions du phœnix. La 1re. sous Sésostris, la 2me. sous Amasis, la 3me. sous le troisième des Ptolomées, et la 4me. l'an 36 de notre ère, ainsi qu'on le lit dans les Annales (Lib. 6, cap. 28) de Tacite.

Le phœnix ne devint plus pour les poëtes comme pour les historiens que l'expression de leur croyance résurrectionnelle, et c'est ainsi que saint Ambroise dit (Hexamer., lib. 5, cap. 23): « *Phœnix avis in Arabiæ locis perhibetur. . . .* » *doceat igitur nos hæc avis exemplo sui resur-* » *rectionem credere.*

Bélon du Mans, qui écrivait en 1554, et le véritable père de l'ornithologie française, homme doué d'une rare sagacité, consacre ce nom devenu fabuleux de phœnix à l'oiseau de Paradis émeraude. Écoutons son naïf langage (Nat. des oiseaux, liv. VI). « Si ce n'était que chacun peut » voir le plumage d'un bel oiseau étranger assez » commun dans les cabinets des grands seigneurs, » tant de la France que de la Turquie, qu'esti- » mons être le *phœnix*, nous n'aurions rien à » écrire de nouveau avec Hérodote, Pline et au- » tres. Ce plumage dont nous parlons est seule- » ment bourru, et entouré de plumes déliées » qui sont attachées à une peau dure comme » cuir, dont le milieu du corps est dénué de chair » et d'os, etc. »

Mais Bélon lui-même rapporte que son phœnix avait été désigné par Postel, homme fort versé dans la langue hébraïque, sous le nom d'*apus*, par suite de l'opinion populaire qui prétendait que cet oiseau se *nourrissait de vent et d'air, sans jamais se percher sur les arbres ni descendre sur la terre.* Or, avant Postel, Cardanus avait mentionné ce même oiseau sous le nom de *manucodiata*, ou *oiseau de Dieu*, et c'est à cet auteur qu'il faut remonter pour trouver la première trace d'une indication intelligible du paradisier émeraude.

Ce que Bélon rapporte de son phœnix ou paradisier émeraude est l'expression des contes recueillis en Orient par les marchands vénitiens : ces récits simples et naïfs ont depuis été brodés de mille manières, mais le texte de Bélon est net et précis. « Ce corps de plumes, duquel nous » parlons, n'a point de pieds ; mais la nature, vou» lant suppléer à ce défaut, a fait qu'il a comme » deux plumes en chaque côté de la queue, qui » sont longues d'un pied et raccrochées par le » bout et fort dures, desquelles il se pend aux » arbres. La nature a ainsi fait ce phœnix pour » éviter les inimitiés des bêtes qui vivent dans le » pays où il habite. L'on met en doute comment » la femelle peut couver ses œufs ; plusieurs pen» sent qu'elle les met sur le dos du mâle et » qu'elle les couve dessus lui. »

Cependant Pigafetta, compagnon de Magellan dans le premier voyage autour du monde qu'aient entrepris les navigateurs européens, en 1519, en parlant d'oiseaux de Paradis que le sultan de Bachian leur donna pour le roi d'Espagne, mentionna les pieds, et telle était la ténacité des préjugés d'alors, que des naturalistes ont contredit plus tard le dire de cet observateur véridique. Pigafetta s'exprime ainsi (voy. p. 197): « On nous » donna pour le roi d'Espagne deux oiseaux » morts très-beaux. Cet oiseau de la grosseur » d'une grive, a la tète petite, et le bec long, » *les jambes de la grosseur d'une plume à écrire*, » et d'une palme de longueur. La queue res- » semble à celle de la grive, et il n'a point » d'ailes, les naturels les arrachent à la plupart » des peaux; mais à leur place il a de longues » plumes de différentes couleurs, semblables à » des aigrettes. Toutes les autres plumes, excepté » celles qui lui tiennent lieu d'ailes, sont d'une » couleur sombre. Cet oiseau ne vole que lors- » qu'il y a du vent. On dit qu'il vient du Paradis » terrestre; on l'appelle *Bélondinata*, c'est-à- » dire *oiseau de Dieu.* »

Pigafetta est donc le premier Européen qui ait décrit sans merveilleux l'oiseau de Paradis, et qui en ait tracé un signalement convenable, à part la longueur qu'il donne aux jambes, ce qui paraît être évidemment une erreur de copiste. Les fables sur lesquelles furent établis les récits relatifs à ces volatiles, se trouvèrent par suite, et successivement, sanctionnées par l'autorité de J. Otton Helbigius, de Bontius, de Clusius, de Gessner, d'Aldrovande, d'Ewards, de Séba et de plusieurs autres vieux auteurs qui se sont copiés. Mais Marcgrave mérite d'être signalé pour en avoir parlé fort intelligiblement dans deux endroits de son ouvrage sur le Brésil (Amst., Elzev., 1648, p. 201 et 219), publié conjointement avec celui de Pison.

Ainsi, c'est parmi les fables, et les fables les plus grossières, que doivent être reléguées les opinions diverses qui représentent les oiseaux de Paradis comme des êtres sans pieds, volant perpétuellement, même pendant leur sommeil, ou ne se reposant que par de courts intervalles, en s'accrochant aux branches des arbres avec les filets de leur queue; s'accouplant en l'air comme le feraient deux papillons; ne se nourrissant que de vapeurs et de rosée; ayant leur ventre rempli de graisse et dépourvu de viscères, et autres belles choses que l'ignorance et le charlatanisme se plurent à propager avec une singulière ardeur. Barrère chercha même à réparer une erreur par une erreur plus visible encore, en accordant aux oiseaux de Paradis des pieds si courts et si emplumés, qu'il semble que l'oiseau en soit privé. On voit que c'est un *mezzo termine* entre

l'opinion qui prétend que les paradisiers naissent sans pieds, et celle des habitans des îles d'Arou, qui admet, suivant Helbigius, que les pieds tombent par suite de maladie ou de vieillesse. Mais les insulaires d'Arou savaient fort bien que cela n'était pas, et se plaisaient à leurrer les Européens par des particularités qui contribuaient suivant eux à donner plus de prix à leur marchandise. Il est plus probable, ainsi que l'a écrit Forrest, que les faisceaux des plumes sous-alaires nuisent au vol des paradisiers lorsque le vent souffle avec force, et ce voyageur dit textuellement : « Les vaisseaux hollandais qui na-
» viguent entre la Nouvelle-Guinée et les îles
» d'Arou rencontrent souvent des troupes de ces
» oiseaux volant d'une terre à l'autre. Si le vent
» est trop fort, ces animaux s'élèvent presque
» perpendiculairement en l'air jusqu'à ce qu'ils
» atteignent la région où l'atmosphère est moins
» agitée ; alors ils continuent leur route. Ils ne
» volent jamais avec le vent qui briserait leurs lon-
» gues plumes, mais au contraire ils se dirigent di-
» rectement contre sa direction, en évitant les
» grains qui les jetteraient à terre. » Ces détails avaient été donnés également par Helbigius.

Au dire des habitans des îles Arou, la mue rend ces oiseaux fort malades et dure plus de la moitié de l'année, et c'est après la ponte que leurs parures reviennent, Buffon dit en août, mais nous pouvons, nous, affirmer que les paradisiers tués en juillet nous ont offert leurs anciennes parures, ce qui forcerait à changer d'opinion sur cette prétendue mue ayant lieu, chaque année, pendant plusieurs mois.

Ce qu'on trouve dans les livres d'histoire naturelle sur leur genre de vie, se rapporte assez avec nos propres observations. Helbigius affirme que les paradisiers se nourrissent des fruits rouges du waringa ou *ficus benjamina*, et Valentin parle des fruits d'un arbre nommé *tsampedoch*. Or, nous les avons constamment observés dans le mois de juillet mangeant les figues *d'amihou* et les semences de teck, de plus Linné indique qu'ils avalent aussi de grands papillons; et nous avons vu nous-mêmes qu'ils recherchaient les blattes et en général tous les insectes. L'opinion de Bontius, qui leur fait donner la chasse aux petits oiseaux pour les manger, n'est pas aussi bien étayée, quoique les paradisiers aient toutes les habitudes des corbeaux; ce qui expliquerait au reste cet appétit carnassier.

En dernière analyse, le paradisier petit émeraude est donc omnivore, ou insectivore et frugivore à la fois. Il vit à la Nouvelle-Guinée, où il est nommé *mambéfore*, a les mœurs et le cri rauque des coraces, et comme eux se tient dans les bois. Il est vif, remuant, et ne demeure pas long-temps à la même place.

La femelle (*Pl.* 3) possède une livrée des plus simples, elle n'a ni parures des flancs, ni brins à la queue, ni émeraude sur le front et à la gorge. Elle fait entendre à peu près le même cri que les mâles, c'est-à-dire les syllabes *ouake*, *ouake*, deux ou trois fois répétées. L'oiseau que Levaillant figure dans la Pl. 5 de ses paradisiers comme étant la femelle, est un jeune mâle n'ayant point encore ses parures des flancs ni les brins de sa queue.

La femelle est d'un tiers moins grande que le mâle. Son bec est bleuâtre, ses tarses sont robustes. Ses ailes sont de même forme, sa queue médiocre, composée de douze rectrices rectilignes. Un marron brun encadre le bec en remontant sur le front et couvrant la gorge; un brunâtre cannelle revêt le sinciput et le haut du cou où se dessine une sorte de collier jaune paille très-clair. Le manteau, le dos, le croupion, les ailes et la queue, sont d'un marron cannelle uniforme, tirant plus ou moins sur le brunâtre. Le dessous du corps, à partir de la moitié antérieure du cou jusqu'à la région anale, est blanchâtre légèrement lavé de roux très-clair sur les côtés.

$^{2}/_{3}$ *g. n.*

Le Paradisier Petit-émeraude, Femelle.

Publié par Arthus Bertrand

Prêtre pinx. Lesauvage imp. *Schmelz sculp.*

Le Paradisier petit Emeraude, Jeune Mâle.

Publié par Arthus Bertrand

Prêtre pinx. Lesauvage Imp. Guyard sculp.

Le Paradisier petit Emeraude, très jeune mâle.

Oudart pinx. N. Rémond Imp. Lallemand sculp.

Le paradisier petit émeraude très-jeune (*Pl.* 5) ressemble complétement à la femelle; il est même impossible de l'en distinguer autrement que par l'autopsie, bien que cependant ses formes soient un peu plus élancées. Du reste, même coloration terne, même privation des parures des flancs, des brins de la queue et du vert émeraude qui encadre le bec, car la face et le cou sont marron, et la poitrine blanc roussâtre.

Lorsque les jeunes acquièrent de l'âge vers la seconde année, sans doute, on voit (*Pl.* 4) pousser les deux brins grêles de la queue, et celle-ci n'est plus composée que de dix rectrices normales, ces deux brins s'alongeant aux dépens des deux rectrices moyennes. Il est remarquable que ces brins sont couverts tantôt d'un seul côté, tantôt aux deux, et surtout près de la base, de petites barbules raides rudimentaires. Enfin le vert émeraude se manifeste au-dessus du bec et au menton. Une plaque marron recouvre la gorge, mais la tête et le cou sont d'un jaune velouté et frais, tandis que le marron ne se manifeste que sur le bas du cou, sur le dos, les ailes, le croupion et la queue. Toutefois une sorte de bordure blanc jaunâtre frange les plumes secondaires en formant sur le haut de l'aile une sorte de petite écharpe. Tout le dessus du corps est d'un blanchâtre soyeux et lustré. MM. Quoy et Gaimard ont remarqué que, pendant leur séjour à la Nouvelle-Guinée dans le mois d'août, on voyait une grande quantité de jeunes mâles parmi les femelles.

Le Paradisier grand-émeraude, Mâle adulte.

Publié par Arthus Bertrand

Prêtre pinx. Lesauvage imp. Schmelz sculp.

LE PARADISIER GRAND ÉMERAUDE.

(*PARADISEA MAJOR.*)

(Le male adulte, *Pl.* 6, *au* $\frac{1}{4}$ *de G. N.*)

La majeure partie des faits que nous avons rapportés dans l'histoire du *paradisier petit émeraude*, sont également applicables à la race de forte taille que nous distinguons par le nom de *grand émeraude*, car la plupart des auteurs les confondent en une seule espèce. Ce qui nous a autorisés à agir contradictoirement, c'est l'abondance du petit émeraude comparée à l'extrême rareté du grand paradisier, à l'estime dont jouissent chez les Malais les dépouilles du premier, tandis que celles du second sont considérées comme de moindre valeur et d'un débit plus difficile. Les naturalistes modernes avaient donc réuni sous le nom de *paradisea apoda*, le grand et le petit émeraude, en ne les regardant que comme deux races d'une même espèce. Cependant Forster avait, il y a long-temps, établi leurs distinctions en s'étayant de l'opinion de Forrest et de Valentin ; mais bien avant lui, dès 1605, Clusius avait signalé deux espèces, l'une plus grande, habitant les îles d'Arou, et l'autre plus petite vivant à la Nouvelle-Guinée, et la figure qu'il donne à la page 360 est bien celle du paradisier grand émeraude qu'il nomme *paradisea avis, majoris generis,* tandis que le petit émeraude est appelé (p. 361) *manucodiata minoris generis.*

Le bec, long de dix-huit lignes, légèrement recourbé, est d'un bleuâtre plombé, excepté sur les bords coupans qui sont blanc argenté. Les plumes du front s'avancent sur les narines. Elles sont courtes, serrées, veloutées, et d'un vert émeraude. Ce plastron velouté s'étend de la commissure à l'œil, couvre la gorge, s'avance sur le cou en devant en s'élargissant en une sorte de plastron séricéeux. Le dessus de la tête, de même que les côtés du cou, sont jaune paille sale; le bas du cou et le thorax sont d'un brun violâtre sombre; le manteau, les couvertures des ailes et le dos, sont d'un brun marron intense, qui s'éclaircit et prend une nuance plus douce sur le ventre. Les rémiges et leurs couvertures sont également brun châtain. Elles donnent à l'aile une disposition pointue, et atteignent en longueur la presque totalité des rectrices. Celles-ci sont égales, au nombre de dix sans y comprendre les deux longs brins, qui dépassent de plus de dix pouces l'extrémité de la queue. Ces deux brins sont duveteux à leur origine, garnis de barbes très-courtes et très-raides, alongées à l'extrémité où elles forment une palette étroite et oblongue. Les plumes qui naissent sous l'aile pour constituer les faisceaux des flancs dépassent la queue, et sont décomposées, molles, transparentes, blanchâtres et légèrement lavées de jaunâtre ocreux, et puis lavées de rouge vineux à leur extrémité libre. Les plus courtes ou les plus antérieures sont maculées de rouge foncé. Leurs tarses sont longs et noirs. La longueur totale de l'oiseau, du bout du bec à l'extrémité de la queue, est de quinze pouces, ou de deux pieds deux pouces en y comprenant les filets.

Les dépouilles de cette espèce sont peu prisées aux Moluques. A Amboine, on les connaît sous le nom de *bourong-maté*, oiseaux morts. On dit dans l'histoire que les auteurs en ont tracée d'après les récits de Valentin, que le grand paradisier séjourne dans les îles d'Arou pendant la saison sèche, ou la mousson d'ouest, et qu'il ne retourne à la Nouvelle-Guinée que lors des pluies qui arrivent dans la mousson d'est. On dit aussi qu'il voyage par bandes d'une quarantaine d'individus, sous la conduite d'un autre oiseau, qui vole toujours en avant de la troupe. Ce chef, suivant Valentin (1), serait noir et tacheté de rouge et serait regardé comme le roi des oiseaux de Paradis par les habitans : dans leur opinion, ils ne quitteraient jamais ce chef mystérieux, soit qu'ils volent, soit qu'ils se reposent, et cet attachement leur serait fatal, car, en se posant par terre, ils éprouveraient la plus grande difficulté à reprendre leur vol. Mais tout porte à croire que cette opinion ne repose que sur des idées fabuleuses, et ce qui est plus certain, c'est qu'ils se perchent sur les plus grands arbres, et qu'ils recherchent les figues du *waringa* (*ficus benjanima?*).

Les Malais disent encore que les grands paradisiers perdent leurs longues plumes des faisceaux des flancs, de même que les filets de la queue pendant la mousson d'est, mais qu'ils ne restent ainsi dépouillés de leurs parures que pendant quatre mois. Il est moins démontré encore que ces longues parures puissent leur permettre de s'élever fort haut dans l'action du vol, en servant de sorte de parachute, et que c'est de la facilité qu'ont ces oiseaux de fendre l'air avec célérité, que leur vient leur nom vulgaire d'*hirondelles* de *Ternate* : de plus que ces parures nuisent au contraire à la

(1) Voyage de Forrest à la Nouvelle-Guinée, pag. 155.

direction du vol, lorsque les vents deviennent contraires, et que dans ce cas ils ne peuvent éviter le danger qu'en s'élevant perpendiculairement dans une région où la couche d'air atmosphérique plus paisible leur permet de continuer leur route.

Nous ne rencontrâmes point le grand paradisier à la Nouvelle-Guinée, et jamais, parmi les centaines de peaux séchées du petit émeraude que les Papous apportaient à bord journellement, nous n'en vîmes une seule dépouille. Les échantillons que nous en avons eus nous avaient été remis à Amboine et provenaient des corocores malais qui trafiquent avec les habitans de Céram. Cette espèce serait donc vraiment propre aux îles d'Arou et à la côte occidentale de la Nouvelle-Guinée seulement.

La femelle (Levaillant, ois. de Parad. Pl., 2) est comme celle du petit émeraude, sans parures des flancs, sans brins, sans vert émeraude à la tête. L'occiput et le cou sont d'un brun nuancé de jaunâtre; le front et la gorge sont d'un brunâtre fuligineux assez intense; le dessous du corps est d'un blanchâtre satiné; les ailes, le dos, la queue, marron foncé et les pieds noirs.

LE PARADISIER ROUGE.

(*PARADISEA RUBRA.*)

(Le male adulte, *Pl.* 7, La femelle, *Pl.* 8, $\frac{1}{2}$ *de G. N.*)

Long-temps rare dans les collections, ce magnifique paradisier, dont les parures des flancs semblent être teintes par le sang le plus vermeil, existe maintenant dans la plupart des grandes collections et même dans les cabinets de beaucoup de simples amateurs. L'individu qu'a figuré Levaillant, et qu'on voit encore au Muséum d'histoire naturelle avait été jusqu'à ces dernieres années le seul connu en France; Vieillot lui-même avoue n'en avoir jamais vu que trois; mais de 1825 à 1832 nous eûmes occasion d'en étudier plusieurs rapportés par nous ou achetés en Angleterre par M. Guy, et principalement une peau d'une rare intégrité conservée dans la collection de notre ami Longuemare, et que représente notre Pl. 7. Enfin la seule femelle de paradisier rouge connue que l'on voit au Muséum

Le Paradisier Rouge, Mâle adulte.

Publié par Arthus Bertrand

Prêtre pinx.   Langlois Imp.   Oudet sculp.

de Paris a été découverte par nous, et se trouve figurée dans l'atlas zoologique du voyage *la Coquille* (*Pl.* 27).

Les auteurs qui ont décrit cet oiseau si remarquable par sa coloration, bien qu'il soit le reflet complet quant aux formes des deux paradisiers émeraudes, ne sont ni anciens ni nombreux. Valentin, Forrest, Sonnerat, n'en ont pas eu connaissance. La première mention paraît être due à Daudin et date de 1800; elle a été faite sur l'individu de la collection du stathouder, que feu de Lacépède avait nommé du nom qu'il porte en le déposant sur les tablettes du Musée. Levaillant et Vieillot, dans l'histoire de leurs paradisiers et oiseaux dorés, Shaw, dans sa zoologie générale, et Sonnini dans le supplément aux œuvres de Buffon, ont mentionné cette espèce qu'on voit figurer depuis lors dans tous les articles des dictionnaires d'histoire naturelle et dans les traités d'ornithologie.

Le paradisier rouge mâle et adulte (*Pl.* 7) a douze pouces de longueur totale, du bout du bec à l'extrémité de la queue. Le bec de la longueur de la tête est plombé ou blanchâtre, légèrement convexe, fendu presque jusque sous l'œil. Les tarses sont médiocres, bleuâtres, l'iris est jaune. Les plumes du front, jusqu'au milieu de la tête, celles placées entre la commissure et l'œil sur les joues, les côtés et le devant du cou, sont d'un vert noir sablé d'or. Ces petites plumes sont veloutées, serrées, émeraudines, et s'avancent sur la région temporale, en dessinant sur la ligne médiane une échancrure. Il en résulte sur les peaux mutilées par les Papous, et dont la partie osseuse de la tête a été enlevée ou brisée, deux sortes de petites huppes produites par le racornissement de la peau du front et par le soin qu'ont les préparateurs de les faire saillir sur les individus qu'ils fabriquent en collant les plumes sur du liége, ainsi qu'on le voit dans beaucoup de musées. Le derrière de la tête et du cou, le haut de la poitrine et la partie supérieure du dos sont d'un jaune beurre frais de nuance uniforme et douce, passant au rouge cannelle sur les épaules et sur le dos. Les ailes, le croupion et le ventre à partir du thorax sont d'un brun marron luisant foncé. Les parures des flancs se composent de plumes longues de douze à quinze pouces, effilées, recourbées, à barbes plus serrées que chez les émeraudes, d'un rouge luisant et fulgide, du rouge de carmin le plus vif pour les antérieures, tandis que les postérieures ont leur extrémité décolorée et blanchâtre. La queue est médiocre, rectiligne, composée de dix rectrices, sans y comprendre deux brins longs de vingt-deux pouces et quelquefois convexes sur un

1/2

Le Paradisier rouge, Femelle.

Publié par Arthus Bertrand.

Prêtre del. Lesauvage Imp. Massard sculp.

bord, concaves sur l'autre, recoquillés sur eux-mêmes dans leur plus grande étendue, terminés en pointes, mais garnis à leur insertion de barbes rudes et très-courtes. Ces deux filets d'un brun marron noir partent du croupion par une insertion commune, se séparent bientôt pour flotter librement sur les parties latérales de la queue.

Les habitudes de ce rare et admirable oiseau sont inconnues : sa patrie est l'île de Waigiou. Les Papous des alentours d'Offack nous en donnèrent quelques peaux, et un officier tua une femelle pendant le séjour de la corvette *la Coquille* dans ce hâvre.

Les voyageurs n'avaient donné quelqu'attention qu'aux mâles des oiseaux de Paradis. Leurs dépouilles, destinées à servir de parure ou à enrichir les cabinets des curieux, étaient les seules dont on recherchât avec empressement la possession. L'autre sexe dédaigné n'était point parvenu en Europe, et Levaillant seul fit connaître une femelle du petit émeraude.

Comme toutes les femelles des oiseaux de Paradis, celle du paradisier rouge, que nous figurons (*Pl.* 8), est sans parures et sans vives couleurs, bien cependant que les teintes qui composent sa livrée soient assez douces pour flatter l'œil et ne pas la faire dédaigner par ceux qu'attire seule la beauté du plumage.

Cette femelle de paradisier rouge a douze pouces quatre lignes de longueur totale : dans ces dimensions la queue entre pour quatre pouces et demi. Les tarses ont dix-huit lignes, et sont garnis de larges scutelles en avant. Les doigts antérieurs sont gradués, moins robustes que le pouce, qui est terminé par un ongle fort et puissant, tandis que les antérieurs sont de moitié plus faibles. Les tarses sont bleus dans l'état de vie, tandis que le bec est plombé avec une teinte rougeâtre. Dans cette espèce les narines ne sont point recouvertes par les plumes du front : elles sont placées dans une fossette large et basale.

Un masque d'un marron très-foncé et d'un aspect soyeux recouvre le front jusqu'au milieu de la tête, descend sur les joues, en enveloppant les yeux, et se termine en s'arrondissant au milieu et en devant du cou. L'occiput, le derrière du cou et le devant, au-dessous du masque marron, sont d'un jaune doré plus franc sur la tête, et qui se mêle sur le manteau et sur la poitrine avec le marron qui teint ces parties. Sur le dos toutefois apparaît une teinte jaune, orangée, brillante, mais peu dessinée. Tout le dessus du corps, le dos, le croupion, les rémiges, les rectrices, sont d'un marron franc à aspect séricéeux. Sur les épaules le marron est teint de jaune rougeâtre. Tout le dessous du corps, le haut de la poitrine, les flancs, le bas-ventre, et même les couvertures inférieures, sont d'un marron ou chocolat plus clair que sur le dos et à aspect velouté. Les ailes sont marron en dedans, ainsi que l'est la queue en dessous. Elles ne s'étendent que jusqu'au tiers supérieur de celle-ci, qui est assez longue, égale, et composée de rectrices peu fermes.

C'est dans l'île de Waigiou, qui fait partie du système des terres des Papous, que nous nous procurâmes cette femelle de paradisier rouge. Nous en sommes redevables à M. Bérard, lieutenant de vaisseau de la marine, qui la tua sur les bords du hâvre d'Offack, et qui voulut bien en enrichir les collections que nous avons déposées au Muséum d'histoire naturelle par suite du voyage d'exploration de la corvette *la Coquille*.

Il ne nous reste plus, après avoir examiné sous ses divers rapports l'histoire du paradisier rouge, qu'à signaler les particularités anatomiques qui méritent de fixer l'attention. Dans les organes des sens, celui de l'odorat est des plus actifs. Les narines, qui reçoivent les effluves odorans, sont arrondies, percées à la base de la mandibule supérieure, et découvertes, bien que les plumes capistrales s'avancent sur elles. L'audition s'exécute à l'aide d'une conque externe évasée et comme circulaire, percée de deux conduits, dont l'un, intérieur et petit, se dirige vers l'extrémité postérieure de la mandibule inférieure, et dont l'autre se porte directement à l'oreille interne. La langue, principal organe du goût, ressemble assez, par sa disposition générale, à celle des autres passereaux : elle a dix lignes de longueur, et est munie à sa base de deux prolongemens mucronés et bifides, qui sont disposés en croissant. Sa forme est alongée, étroite, triangulaire; son sommet est bifurqué, et chaque laciniure de sa bifurcation se trouve divisée en un grand nombre de filamens, de manière à imiter un pinceau. Les deux mandibules présentent de chaque côté une légère échancrure vers la pointe, et peut-être ces échancrures sont-elle dues à l'usure qui doit résulter du genre de nourriture par suite du rapprochement fréquent des demi-becs. Le larynx est divisé en deux parties, ayant quatre muscles moteurs, deux supérieurs et deux inférieurs, sur chaque côté prenant leurs attaches près du larynx inférieur. La longueur de cette trachée, dont les anneaux sont entiers, de la partie supérieure du larynx à celle inférieure, est de trois pouces; celle-ci correspond à l'extrémité supérieure du sternum, et se trouve un peu enfoncé dans la poitrine. Les cornes de l'os hyoïde ont un pouce deux lignes de longueur. L'œsophage, est long de quatre pouces, et l'estomac est ample, dessiné en forme de fève, ayant des parois épaisses de deux lignes, marquées en dedans de replis saillans se dirigeant de gauche à droite. Les ouvertures cardiaque et pylorique sont percées presque vis-à-vis l'une de l'autre, tandis que la grosse extrémité de ce viscère occupe le côté dextre. Le pancréas est double. Le premier a sept lignes de long, le deuxième, encore plus alongé, est plus grêle et tous les deux correspondent à la première courbure des intestins grêles. Le tube intestinal a de longueur totale seize pouces, et deux cœcums, longs de trois lignes, se projettent à un pouce de la terminaison du rectum. Les ovaires apparaissaient sous forme de granulations, occupant, en devant de la colonne vertébrale, l'intervalle des lobes antérieurs des reins. Ces ovaires étaient flétris, disposition qui pourrait coïncider avec l'époque à laquelle fut tuée cette femelle, c'est-à-dire assez long-temps après la ponte (15 septembre 1823). Le foie est peu volumineux, et occupe la région hypochondriaque droite, en s'étendant vers l'épigastre. La vésicule biliaire se prolonge, tout en affectant une forme de poire, dans une largeur de huit lignes seulement. La rate est très-petite. Les reins, rétrécis à leur milieu, sont alongés et logés dans la gouttière lombaire. Le cœur est volumineux, et n'a pas moins de huit lignes. La glande adipeuse du croupion est amplement développée.

Les organes locomoteurs présentent aux ailes

dix pennes primaires, dont la première est la plus courte, et n'atteint que la moitié de la seconde. La cinquième est la plus longue de toutes, car, à partir de celle-ci, les autres vont successivement en diminuant jusqu'à la dixième. Les pennes secondaires sont également au nombre de dix : à la queue on compte douze rectrices, dont les deux moyennes sont légèrement amincies, et par conséquent plus étroites que les autres. Aux jambes on remarque six larges écailles recouvrant l'articulation du tarse avec le carpe et l'extrémité tarsienne des phalanges. Les écailles du tarse sont, elles, larges et parfaitement lisses.

Une autre femelle présenta sa troisième rémige à peine sortie de son tuyau, tandis que la quatrième était plus avancée, et que les rectrices étaient non encore bien formées, manière d'être qui pourrait bien légitimer l'opinion de M. de Blainville, à savoir que les plumes doivent sortir de leurs tubes et se grouper à la manière alternative des noyaux osseux qui remplissent les alvéoles des arcades dentaires des mammifères.

Les côtes sont au nombre de sept de chaque côté. La première est libre, et les cinq suivantes se rendent à la partie osseuse qui tient la place du cartilage sterno-costal. La dernière ou septième se soude au dernier cartilage à demi osseux.

Le sternum (*Pl.* I, *fig.* 10 et 11) est beaucoup plus étroit à la partie moyenne qu'à ses extrémités.

La partie de la base, comprise entre les deux échancrures, est coupée carrément. On observe cependant une dépression peu marquée dont la saillie est antérieure. Sa longueur est de seize lignes sur huit de largeur à la partie moyenne, correspondant à la dernière surface articulaire qui unit le cartilage avec la côte correspondante. Son pédicule a seize lignes sur cinq lignes à la base, tandis que l'extrémité abdominale du sternum a quatorze lignes. L'extrémité claviculaire présente trois apophyses, dont celle du milieu est la plus épaisse, figurée en Y ou à trois faces, et deux échancrures qui forment l'extrémité sternale de la clavicule. Sur les bords du sternum, très-près de l'extrémité claviculaire, se dessinent cinq facettes articulaires. A la portion basale ou abdominale, sont deux larges échancrures ovalaires, bordées en dehors par des apophyses imitant un marteau à deux pointes.

L'omoplate, longue de seize lignes, est extrêmement étroite, falciforme, amincie et tronquée à l'extrémité. La clavicule, qui a quatorze lignes, est très-élargie à son extrémité sternale, et l'intervalle qui sépare les branches de l'os furculaire est de onze lignes, et celles-ci ont à peu près la même longueur, bien que leur disposition générale soit analogue à celle des autres passereaux. L'appendice qui unit ces os au sternum est saillant.

LES SIFILETS.

(*PAROTIA.*)

Les sifilets, dont on ne connaît encore qu'une espèce, se distinguent des vrais paradisiers par plusieurs caractères : leur bec, plus court que la tête, est emplumé jusqu'au milieu ; les mandibules sont légèrement inégales ; la supérieure échancrée à la pointe, l'inférieure pointue et très-légèrement entaillée. La tête est garnie de plumes écailleuses raides, formant une sorte de diadème ; six brins grêles, minces, filiformes, partent des régions auriculaires et se terminent en palettes. Les ailes sont concaves à rémiges arrondies à leur sommet, presque égales, les première et deuxième exceptées, qui sont taillées en lames de canifs à leur sommet. La première est également beaucoup plus courte. (Consultez les caractères de la Pl. IX.) Les plumes hypochondriales sont alongées, flexibles, décomposées et très-fournies.

Caracteres des Sifilets, Grandeur naturelle

Publié par Arthus Bertrand

Prètre pinx. Lesauvage Imp. Oudet sculp.

Les femelles n'ont point les parures des mâles. La seule espèce connue vit à la Nouvelle-Guinée, et surtout dans l'île de Waigiou.

Levaillant a placé le sifilet parmi les geais, et Buffon, ou plutôt Gueneau de Montbelliard, l'a décrit sous le nom de *manucode* à *six filets*, et Sonnerat sous celui d'oiseau de Paradis à gorge d'or. C'est à Vieillot que l'on doit la distinction générique de cet oiseau et le nom de *parotia.*

LE SIFILET A GORGE DORÉE.

(*PAROTIA SEXSETACEA*).

(Le mâle adulte, *Pl.* X *et* XI; le jeune mâle, *Pl.* XI *bis*, et la femelle, *Pl.* XII, a $\frac{1}{2}$ *G. N.*)

Le nom de sifilet a été donné à l'oiseau de Paradis qui nous occupe, pour rappeler le trait le plus caractéristique de son organisation, c'est-à-dire les six filets minces et grêles qui partent de la région auriculaire et qui s'élargissent en palettes à leur sommet, relevant ainsi par cet accessoire un plumage noir de velours, et une gorge étincelante par le cuivre, le bronze et le vert glacé d'or.

Le sifilet mâle adulte a de longueur totale douze pouces; son bec et ses pieds sont noirs, l'iris jaune; la queue est légèrement arrondie, formée de rectrices étagées, raides, au nombre de douze. Les ailes sont un peu concaves et s'étendent jusqu'après la naissance de la queue. Elles se composent de rémiges arrondies, presque égales, excepté les deux premières, qui sont aci-

Le Sifilet, Mâle adulte, vu par derrière.

Publié par Arthus Bertrand

Prêtre pinx. Langlois imp. Massard sculp.

Le Siflet, Mâle adulte vu par devant.

Publié par Arthus Bertrand

Prêtre pinx. Langlois imp. Massard sculp.

culées à leur sommet. Les plumes frontales sont étroites, raides, à peine barbues, et s'étendent sur les narines en formant une sorte de petite huppe comprimée et disposée en brosse. Elles sont noires à leur base, puis blanc satiné à leur sommet, ce qui dessine une écharpe d'une nuance gris de perle sur le devant de la tête; les plumes qui recouvrent le crâne s'arrondissent et s'allongent sur l'occiput de manière à former sur cette partie un diadème métallisé. Quelques filets tronqués, avortés, naissent derrière l'œil, mais trois filets grêles, arrondis, inermes, longs de cinq à six pouces, partant de chaque joue, se dirigent en arrière, comme des crins, et se terminent par des barbes qui s'épanouissent pour former une palette ovalaire. Ces brins et la palette sont noirs. Les plumes de la gorge sont étroites, puis élargies et taillées en un demi-cercle à leur sommet. Ce dernier segment est de couleur d'or à reflets violets irisés en vert sur les bords, et chatoyant avec un éclat des plus vifs, tandis que le reste de la plume est noir velouté; tous ces segmens, en s'imbriquant, forment un magnifique plastron écailleux. Les flancs sont garnis de plumes noires épaisses et très-touffues, qui se redressent sur les ailes qu'elles enveloppent et qu'elles cachent. Ces plumes sont arrondies, à barbes lâches et uniformément noires.

Le sifilet est, excepté la gorge et les deux couronnes de la tête, uniformément d'un noir profond ayant partout la douceur et la nuance du velours.

Ces oiseaux, dont les mœurs sont complétement inconnues, vivent à la Nouvelle-Guinée et à Waigiou.

Mauduyt cite, dans l'article qu'il a donné du sifilet dans l'Encyclopédie, une note qui était jointe à un individu qu'il avait reçu des Moluques, et dans laquelle on disait que le sifilet jouissait chez les Malais d'une haute réputation, parce qu'on lui accordait la propriété de garantir de la foudre ceux qui s'en paraient. Aucun voyageur ne rapporte toutefois ce conte populaire.

Le jeune mâle (*Pl.* XI *bis*), tient à la fois du mâle adulte et de la femelle. Il ressemble au premier par les longues plumes des flancs; mais toutes ces plumes soit du ventre soit des hypochondres, sont dans leur partie moyenne d'un fauve clair, rayées en travers de noir comme cela se voit chez la femelle, et se trouvent terminées de noir uni; cependant les plus alongées des plumes des flancs sont dans leur entier noires comme chez les mâles, tandis que le dos est tapissé ou tacheté de roux vif.

La femelle (*Pl.* XII) du sifilet n'était point connue avant la description publiée dans nos

Le Sifilet, Jeune Mâle.

A Le Bec vu de profil.

Publié par Arthus Bertrand.

Prêtre pinx. Lesauvage imp. Visto sculp.

1/2

Le Sifilet, Femelle.

Publié par Arthus Bertrand.

Prêtre del. Lesauvage Imp. Massard sculp.

illustrations de zoologie. Elle est aussi venue nous prouver que les femelles des oiseaux de Paradis ne participaient en rien à l'éclat de leurs époux, et que, revêtues d'une livrée généralement sombre, elles avaient sous ce rapport l'organisation des *oiseaux mouches* et des *souï-mangas*.

Le bec de la femelle que nous décrivons est noir mat, sa longueur médiocre, ses mandibules sont légèrement comprimées sur les côtés et terminées en pointe. La supérieure a une arête très-vive, légèrement recourbée, finissant en un petit crochet denté sur les côtés, l'inférieure se termine par une pointe redressée. La commissure, légèrement déjetée en bas, est notablement fendue, sans aller cependant jusqu'à l'œil. Les fosses nasales, tout-à-fait situées à la base du bec, sont larges, mais complétement recouvertes par les plumes soyeuses qui s'unissent en devant du front pour former une petite houpette comprimée. Les tarses manquaient à l'individu rare et précieux soumis à notre étude. Les ailes s'étendent jusqu'au tiers supérieur de la queue; celle-ci est formée de douze rectrices assez rigides, inégales entre elles, c'est-à-dire que les plus externes sont les plus courtes; toutes sont arrondies à leur extrémité et entièrement d'un brun ferrugineux.

Les plumes qui recouvrent le corps sont douces, mollettes et soyeuses : celles qui revêtent la tête sont étroites, très-fournies et serrées, et se projettent sur les côtés de l'occiput en deux petits faisceaux auriculés, qui rappellent les deux houppettes des individus mâles. La tête en dessus, les joues, le dessus et les côtés du cou sont d'un noir soyeux, peu franc, se dégradant sur le haut du corps et sur le dos pour faire place à un brun ferrugineux, puis à un rouge brun marron, qui domine sur le croupion.

A l'angle du bec naît un trait fauve émaillé, bordé en-dessous par un large trait noir profond; le menton est roux brun, rayé de noir, puis tout le devant du cou et du thorax est d'un fauve blond, rayé par lignes égales, distantes, noir brun. La teinte rousse du ventre, des flancs et des couvertures inférieures est plus vive, et les raies brunes sont aussi plus espacées et moins marquées.

Les plumes de ces parties sont aussi plus mollettes, plus lâches et assez abondantes.

Cette femelle avait treize pouces de longueur totale.

LES LOPHORINES.

(*LOPHORINA.*)

Une seule espèce appartient à ce petit genre, que distinguent des parures jetées sur le dos en riche manteau de velours, tombant sur la poitrine en un camail d'émeraude.

Le bec, plus court que la tête, est, comme celui des autres paradisiers, comprimé sur les côtés, mince, et en partie caché par des touffes de petites plumes sétacées qui s'avancent sur les narines. Celles-ci s'ouvrent en fissure dans une fosse nasale ovalaire, alongée. Les jambes sont proportionnées à la taille, couvertes de squamelles épaisses. Les ailes sont médiocres, ne dépassant pas le tiers de la queue. Celle-ci est concave par le raccourcissement des pennes les plus externes, et se compose de douze rectrices toutes semblables et arrondies par le bout. Les plumes qui revêtent la tête sont écailleuses, et celles du devant du cou sont imbriquées et s'allongent de manière à former sur le haut du ventre un ample chevron scintillant. Enfin, les plumes du cou en arrière, celles du dos, et les couvertures alaires, sont développées, avec un luxe qui leur permet, en se recourbant, d'envelopper tout le corps comme d'un manteau de velours liseré d'or. Tout le plumage est coloré en noir, mais en noir ponceau, velouté, passant sous certains reflets au violet noir.

Forrest (It. p. 158 de la trad. franç.) est le premier qui ait vaguement décrit la lophorine sous le nom de *grand oiseau de Paradis noir*, ou du moins sa description est une réminiscence du cinnamolegus et de la lophorine, et convient même mieux à la première espèce d'oiseau. Sonnerat a parlé de la lophorine sous le nom *d'oiseau de Paradis à gorge violette*, dit le *superbe;* mais nous ignorons ce qui a pu décider ce voyageur à la représenter tenant un petit oiseau dans ses doigts, pour le déchirer à la manière des accipitres. Depuis lors cette espèce a été supérieurement gravée dans les ouvrages de Levaillant et de Vieillot. Levaillant pense même que la lophorine a des points de contact avec certains troupiales, parce que l'arête du bec s'avance entre les plumes du front, et que deux petites touffes distinctes forment sur chaque narine un mince toupet isolé.

La Lophorine superbe, Mâle adulte.

A. Le Bec vu de profil.

Publié par Arthus Bertrand

Prêtre pinx. Lesauvage Imp. Guyard sculp.

LA LOPHORINE SUPERBE.

(*LOPHORINA SUPERBA.*)

(Le male adulte, *Pl.* XIII (vu par le dos), et *Pl.* XIV (vu par devant), de *G. N.*)

Un peu plus mince que le merle de France, la lophorine superbe a, au plus, huit à neuf pouces de longueur totale. Le front est orné de deux petites aigrettes noires déjetées en dehors et implantées sur le bord supérieur des fosses nasales. Les plumes imbriquées du devant du cou et de la poitrine sont comme gaufrées, et brillent de la nuance verte bronzée la plus chatoyante en s'irisant en violet. Les plumes étagées du manteau, qui sont implantées par rang de taille depuis la nuque jusqu'au bas du cou, s'allongent de manière à former sur le corps une ample échancrure, dont les deux pointes sont longues et écartées: ce mantelet est d'un riche noir violet, offrant l'éclat, la nuance, le moelleux et la douceur du velours, et les plumes qui le forment, sont obliquement tronquées à leur sommet. Le dos, le croupion, les ailes, les couvertures de la queue, et les pennes qui la composent, sont également noirs, mais avec des reflets violets lorsque les rayons lumineux les frappent obliquement.

La lophorine, si justement décorée du nom de superbe, n'est point encore parvenue en Europe intacte, et on ignore ses mœurs, ses habitudes, et quelle peut être la livrée de la femelle et des jeunes mâles. Forster dit qu'elle vit dans cette partie de la Nouvelle-Guinée nommée *Serghile*, et que les naturels portent à Salawat ses dépouilles desséchées à la fumée et privées des ailes et des pieds. Forrest ajoute qu'on lui donne le nom de *shag-awa*, ou d'oiseau de Paradis de Serghile, tandis que les Malais de Tidor la désignent par l'épithète de *soffou-kokotou*, ou *oiseau de Paradis noir*.

Nous nous en sommes procuré des dépouilles à Doréy.

La Lophorine superbe. Mâle adulte vu par devant.

A. Plume du Manteau isolée.

Publié par Arthus Bertrand.

Prêtre pinx. Lesauvage imp. Legrand sculp.

Caractères des Manucodes, grandeur naturelle.

Oudart pinx.   N. Rémond Imp.   Lallemand sculp.

LES MANUCODES.

(*CICINNURUS.*)

Une seule espèce encore appartient à cette petite tribu, dont le mâle est si remarquable par ses brillantes parures; il est en effet distingué par des formes trapues, assez épaisses, deux éventails de plumes élargies sur les flancs, des ailes concaves, aussi longues que la queue qui est courte, carrée, et débordée par deux longs brins grêles, recoquillés sur eux-mêmes à leur extrémité, et garnis de barbes formant une palette colorée en or vert luisant. Le bec est médiocre, finement entaillé à la pointe de la mandibule supérieure, et abondamment recouvert sur les fosses nasales d'un duvet soyeux, court et très-serré.

Les manucodes que nous observâmes aux alentours du havre de Doréy à la Nouvelle-Guinée, y portaient le nom de *saya* dans la langue des Papous. Nous ne les rencontrâmes que par couples solitaires, se tenant sur les branches moyennes des tecks et des figuiers d'*amihou*, dont ils recherchaient les fruits.

LE MANUCODE SPINTURNIX.

(*CICINNURUS SPINTURNIX.*)

(Le male adulte, vu en dessus, *Pl.* XVI; le même, vu en dessous, *Pl.* XVII; la femelle, *Pl.* XVIII, au ¾ *G. N.*)

Cet admirable et rare paradisier mérite bien le nom de *spinturnix* ou d'*incendiaire*, que Pline, dans son Histoire naturelle, applique à un oiseau d'espèce inconnue, car le rouge éclatant de son plumage le fait ressembler, lorsqu'il vole, à un charbon étincelant. Le *spinturnix* a été regardé par les commentateurs comme devant être un faucon : on le disait de mauvais augure, mais Pline avoue qu'il n'avait trouvé personne qui eût pu se vanter de savoir quel oiseau ce pouvait être (1).

Le manucode a joué de tout temps un rôle dans les croyances superstitieuses des peuples

(1) Le *spinturnix* est un oiseau dont les Romains auront eu de vagues notions par les Indiens. « *Æthiopes atque Indi, discolores maximè et admirabiles ferunt aves.* »

Le Manucode, Mâle vu en dessus.

Publié par Arthus Bertrand

P. Oudart pinx. Lesauvage Imp. Migneret sculp

Le Manucode, Mâle vu par devant.

Publié par Arthus Bertrand.

Prêtre pinx. Lesauvage imp. Legrand sculp.

d'origine malaie. Ses dépouilles, portées en panache ou placées sur les armes des guerriers indiens, devaient les empêcher de faillir un jour de combat. De là le nom de *manou deouata*, ou oiseau divin, qu'ils leurs conservèrent et qu'ils reçurent des langues tidoriennes. Les premiers voyageurs hollandais firent connaître en Europe, sous le nom corrompu de manucode, les paradisiers émeraudes, et ce nom, traduit en latin barbare par Cardanus, a été exclusivement transporté par les auteurs modernes à l'espèce qui nous occupe. Les récits exagérés, consignés dans Ausius, ne peuvent plus intéresser que ceux qui aiment les recherches historiques. Certes, le manucode ne mérite point le titre pompeux de *roi des oiseaux de Paradis*, que lui conservent les naturalistes sans y attacher de l'importance, et que lui donnaient, au dire des vieux auteurs, les insulaires qui en vendaient les dépouilles. Suivant eux, le manucode volait toujours en tête des troupes formées par les émeraudes lorsqu'ils émigrent d'une île dans une autre, et c'était lui qui, chargé de la conservation de la bande, allait goûter l'eau des fontaines placées sur la route, et que les Papous empoisonnent pour obtenir par cette chasse facile un grand nombre de paradisiers dont ils convoitent les plumes avec tant d'avidité. Mais ces récits, propagés dans des temps d'ignorance, tombent d'eux-mêmes, et certes les manucodes, s'ils émigrent, ce qui est incertain, émigrent seuls, ne recherchent point la compagnie des émeraudes, et il est plus que douteux que les insulaires empoisonnent les eaux où ils vont boire pour se les procurer.

On dit, et ceci est plus probable, que les Papous chassent les manucodes en les prenant aux lacets à l'aide de la glu faite avec le suc laiteux des jacquiers.

Le mâle adulte (*Pl.* XVI et *Pl.* XVII) a six pouces et demi de longueur totale, les brins de la queue non compris. La tête est forte et son bec médiocre et jaunâtre; sa langue est ciliée, l'iris est brun, et les tarses sont bleu azur clair. Une tache noire se dessine à l'angle interne de l'œil, et les narines sont entièrement recouvertes par les plumes veloutées et serrées qui s'avancent jusqu'à la moitié de la mandibule supérieure. Les ailes sont amples et dépassent dans l'état de repos (quatre pouces et demi) la queue. Celle-ci est très-courte (dix-huit lignes), formée de dix rectrices égales et de deux brins; ces derniers tiennent donc la place des deux rectrices médianes, et apparaissent sous forme de deux tiges grêles ou criniformes, entièrement nues, se prolongeant au delà de la queue, se recourbant en dehors en s'évasant avec grâce (elles ne s'entrecroisent jamais dans l'état de vie), de manière à s'épanouir à leur terminaison, ou en d'autres termes, à se garnir en dehors seulement de barbes assez longues qui, contournées, forment un disque vide au centre, ou un demi-cercle enroulé ayant l'éclat et le jeu de l'émeraude. On compte aussi une vingtaine de plumes subalaires dont les premières, fort courtes, ont de larges barbes.

Les plumes qui revêtent les narines et le front sont d'un orangé qui passe au rouge, mais qui devient d'un pourpre éclatant et des plus fulgides sur le cou, les parties supérieures, les rémiges et même les rectrices. Le devant du cou est de ce même rouge, teinté de mordoré et parfois de brunâtre sur les côtés. Les nuances de ces diverses parties ont aussi bien l'aspect du velours que son toucher moelleux et doux. Une large écharpe d'un vert métallique traverse la poitrine, et tranche sur le blanc neigeux de tout le dessous du corps. Sur chaque flanc, au-dessous de l'aile, naissent des plumes longuettes, droites, coupées carrément à leur sommet, et grises dans leur plus grande étendue, et que rendent remarquables deux bandelettes étroites, l'une blanche, l'autre roux vif, puis une plus large occupant toute l'extrémité et d'un vert émeraude des plus éclataus. Les rémiges sont jaunes en dedans, et les rectrices brunâtres en dessus.

Le jeune âge doit tenir de la femelle dans ses deux premières années, du mâle dans la troisième. Levaillant a regardé comme un jeune âge un individu ayant son écharpe thoracique jaune, le ventre mélangé de grisâtre et de brun.

Si le manucode mâle est sans contredit un des plus brillans oiseaux de Paradis, sa femelle, jusqu'à ces derniers temps ignorée, découverte par nous dans les vastes forêts de la Nouvelle-Guinée, est venue fournir un nouvel exemple de l'identité de création qui a présidé chez tous les divers membres de la famille à la répartition de leurs attributs corporels. La femelle du manucode est donc, comme celle des paradisiers émeraude, rouge, sifilet ou des épimaques, à livrée terne, bariolée de roux, de brun et de bistre. Cette femelle (*Pl.* XVIII) a six pouces et demi de longueur totale. Son bec, de couleur roussâtre, est légèrement comprimé sur les côtés, et élargi à la base. Les plumes du front s'avancent sur les fosses nasales et dérobent les narines. Les ailes s'étendent jusque vers le milieu de la queue : elles sont concaves et composées de rémiges assez larges. Les rectrices, au nombre de douze, sont égales, arrondies à leur extrémité, et peu consistantes. Les tarses sont

3/4

Le Manucode, Femelle.

Publié par Arthus Bertrand.

P. Oudart pinx. Lesauvage Imp. Migneret sculp.

longs d'un pouce, garnis de scutelles très-minces, peu apparentes Les doigts antérieurs, gradués, sont plus faibles que le pouce, dont l'ongle est robuste. Les pieds sont en entier colorés en bleu de ciel tendre dans l'état de vie. Tout le plumage de cet oiseau est un marron brun sale et jaunâtre, disposé de la manière qui suit: la tête, le dos, les couvertures des ailes et le croupion sont d'un brun roux foncé uniforme. Les moyennes couvertures des ailes et les rémiges sont d'un roux ocreux vif, se changeant en brun sur les barbes internes de ces dernières. La queue en dessous est d'un roux brun à teinte égale, et d'un brun jaune clair en dessous. Les joues et les côtés du cou sont roux-brun tacheté de jaune roux. L'iris est brun, tout le dessus du corps, depuis la gorge jusqu'aux couvertures inférieures de la queue, est d'un jaune roux finement rayé de brunâtre par raies rapprochées et régulières.

Cette femelle n'a point d'éclat, n'a point de parures; sa queue est régulière; en un mot, elle ressemble à un oiseau obscur, s'il ne s'attachait pas à sa connaissance le haut intérêt que la beauté et la rareté de son époux inspirent aux ornithologistes.

M. Roland, le maître canonnier de la corvette *la Coquille*, dans son voyage autour du monde, qui nous a rendu tant de services par son adresse à la chasse, tua le mâle et la femelle des manucodes qui enrichissent en ce moment les galeries du Muséum d'histoire naturelle de Paris. M. Valenciennes, dans son catalogue de nos collections présenté à l'Institut, avait pris cette femelle pour un oiseau du genre merle, *turdus*.

LES DIFILLODES.

(*DIPHYLLODES.*)

La seule espèce de cette tribu, connue sous le nom de *magnifique* ou de *manucode à bouquets*, se rapproche plus du vrai manucode que de tout autre petit genre des paradisiers. Comme chez le premier, le bec, plus court que la tête, est comprimé sur les côtés, ayant les fosses nasales abondamment revêtues de plumes courtes, serrées et veloutées. Comme chez le manucode mâle, les deux rectrices moyennes s'allongent en deux longs brins recourbés, mais avec cette différence que ces deux brins se terminent en pointe, et se trouvent garnis de fines barbules sur leur bord externe. Ce qui caractérise assez nettement le difillode, ce sont les plumes alongées et imbriquées du manteau, les plumes en pavé du devant du corps, et les ailes moins longues que la queue, bien que celle-ci soit courte, ailes moins amples, plus pointues que celles des manucodes. Les flancs n'ont point non plus les parures de ces derniers.

On connaît seulement l'individu mâle de ce type générique, et encore cette connaissance repose-t-elle sur des individus en assez mauvais état : mais nul voyageur européen ne s'est procuré ni la femelle ni le mâle complets, et encore moins des détails sur les mœurs, le genre de vie et même la patrie réelle de cet oiseau. C'est donc sur ce difillode que les observations des navigateurs devront à l'avenir se diriger, s'ils veulent compléter nos études sur la brillante famille des paradisiers.

Le Difilode magnifique, Mâle

Publié par Arthus Bertrand

Oudart pinx. Lesauvage imp. Melle Massard sculp.

LE DIFILLODE MAGNIFIQUE.

(*DIPHYLLODES MAGNIFICUS.*)

(Le male adulte, vu de profil, *Pl.* XIX et vu en dessous, *Pl.* XX.)

Le magnifique, que Gueneau de Montbéliard a nommé le premier Manucode à bouquets, par rapport aux plumes rangées en faisceaux derrière le cou, paraît être identique avec le Paradis huppé ou *manucodiata cirrhata*, qu'Aldrovandi a décrit d'après des peaux évidemment falsifiées par les préparateurs, et dont quelques auteurs ont fait à tort une deuxième espèce.

Le difillode magnifique a près de sept pouces de longueur totale. Son bec est brunâtre à la base, et jaune à la pointe. Les tarses et les pieds desséchés paraissent avoir été à teinte carnée ou jaunâtre. Le nombre des plumes caractéristiques qui revêtent le cou varie, car Montbéliard n'en a compté qu'une vingtaine, tandis que Levaillant en a signalé plus de cent. Ces plumes étroites, roussâtres, tachetées de noir à leur extrémité, se relèvent sur leur base, mais moins à mesure que l'on avance vers le dos, où, plus longues et couchées, elles forment un second faisceau d'un jaune paille plus foncé sur les rangs inférieurs. Ces plumes, couchées dans l'état de repos, peuvent être relevées en une espèce de fraise ou de collerette bouffante, et toutes sont coupées carrément à leur sommet. Les narines sont cachées par des plumes courtes, épaisses et séricéeuses: les plumes du dessus de la tête et de l'occiput sont vertes, celles de la gorge et de la poitrine sont bleues; toutefois, le vert et le bleu sont distribués de manière à ce que chaque plume, taillée en pavé, soit émaillée d'azur au milieu et de vert à sa base et à son sommet, de sorte que, serrées les unes sur les autres, elles dessinent des espèces de rangées transversales sur une ligne verticale. Les côtés du cou, ou les jugulaires, sont vert brun, le ventre est vert glaucescent, les grandes couvertures alaires sont jaune chamois et marron lustré. Les rémiges sont brunâtres en dedans, jaunes en dehors, tandis que les rectrices sont brunâtres. Le dos et le croupion sont vert bronzé.

Les deux filets de la queue ont de sept à huit pouces de longueur. Ils sont pointus et très-légèrement barbulés sur leur bord externe, et se croisent en dessus de la queue.

Les Papous du havre de Doréy nous vendirent

Le Diphylode magnifique, Mâle vu par devant.

Publié par Arthus Bertrand

Prêtre pinx. Langlois imp. Schmeltz sculp.

une dépouille de magnifique en mauvais état. Ce fut la seule que nous observâmes durant notre séjour sur ce point du globe. Les auteurs s'accordent tous à donner pour patrie à cette espèce la Nouvelle-Guinée.

Levaillant, dans la planche X de ses Oiseaux de Paradis, a fait figurer un individu qu'il regarde comme un jeune âge, et cet ornithologiste suppose avec juste raison que la femelle doit avoir une livrée terne et bariolée. Il va même jusqu'à dire le plumage brun en dessus, gris rayé de noir en dessous, avec les ailes roussâtres. Certes, cette femelle doit être, comme toutes celles que nous connaissons, privée des parures des mâles, des brins de la queue, et peinte de roussâtre avec des traits en zigzags bruns sous le corps.

LES ASTRAPIES.

(*ASTRAPIA.*)

On ne connaît qu'une seule espèce d'astrapie que sa rareté et son admirable plumage ont fait nommer par Levaillant *l'incomparable* ou *pie de Paradis*, et c'est à M. Vieillot qu'on doit sa distinction générique, et la création du nom barbare *astrapia*. Cet oiseau est un exemple frappant des fluctuations que les auteurs systématiques font éprouver aux êtres qu'ils cherchent à caser dans leurs diverses méthodes, car M. Cuvier a persisté à le classer avec les merles; M. Temminck avec les pastors, sorte de turdusinées, il est vrai; M. Vieillot après le témia, bien que rien ne puisse légitimer son enlèvement de la famille des paradisiers à laquelle il appartient comme tribu distincte seulement.

L'astrapie a le même plumage somptueux chez le mâle, sordide chez la femelle, que les vrais paradisiers. Les plumes ont la forme gemmacée qui caractérise celles des émeraudes, des manucodes et des épimaques; seulement les plumes de la queue ont pris un immense développement, à la manière des rectrices de quelques merles bronzés d'Afrique.

On ignore complétement les habitudes et les mœurs des astrapies.

L'ASTRAPIE A GORGE D'OR.

(*ASTRAPIA GULARIS.*)

(Le mâle vu en dessus, *Pl.* XXI, et le même vu en devant, *Pl.* XXII; la femelle, *Pl.* XXIII, au $\frac{2}{3}$ *G. N.*)

Le corps de l'astrapie a huit pouces de longueur et sa queue de dix-huit à vingt-deux pouces : sa tête est remarquable par les plumes des côtés de la tête et de l'occiput, qui sont longues et soyeuses et qui retombent sur les côtés du cou en formant une double huppe. Toutefois, ces plumes ne paraissent point être dressées dans l'état de vie, mais seulement flotter lâchement sur les côtés de la tête. Celle-ci, en entier d'un noir vert à reflets luisans, le dessus du cou, à partir de l'occiput, le manteau, sont d'un vert bronzé très-brillant ou à reflets dorés, mordorés et iodurés suivant la direction des rayons lumineux. Toutes ces plumes sont rigidules, étroites à leur base, arrondies à leur extrémité, et imbriquées les unes sur les autres absolument à la manière des écailles de poisson. Tout le

1/4

L'Astrapie à gorge d'or, Mâle vu par le dos.

Publié par Arthus Bertrand

Prêtre pinx Langlois imp Massard sculp

L'Astrapie à gorge d'or. Mâle vu par devant.

A. Le Bec vu de profil

Publié par Arthus Bertrand

Prêtre del. Lemaisage imp. Schmelz sculp.

L'Astrapie à gorge d'or, Femelle.

Publié par Arthus Bertrand.

Prêtre pinx. *Lesauvage imp.* *Schmelz sculp.*

devant de la gorge est revêtu de plumes aussi squameleuses, formant une sorte de large cravate, ayant les teintes les plus miroitantes depuis l'or vermeil jusqu'au cuivre de rosette, et entouré d'une sorte de hausse-col des plus chatoyans en or, cuivre et acier. Les côtés de la poitrine et toutes les parties inférieures sont d'un vert uniforme, intense et lustré.

Les ailes sont dites à rémiges primaires noires, teintées de violet sur les secondaires; mais les individus que nous avons possédés étaient privés de ces parties. La queue est formée de douze rectrices grandement étagées, très-larges, très-raides, arrondies à leur extrémité, nuancées de marron brunâtre ondé de bandelettes transversales brunes en dessous, tandis qu'en dessus elles sont d'un beau et riche violet velouté, les barbes internes étant violettes et les externes bleu-noir pruineux.

L'individu que Levaillant a décrit comme étant du sexe femelle, nous paraît être un jeune mâle caractérisé par sa taille plus petite, son plumage noirâtre ou fuligineux, sa queue brun roussâtre et son ventre rayé de fauve.

La femelle (*Pl.* XXIII) a son plumage gris ardoisé, la tête et le cou noirs, les ailes grises, lavées de roux, et la queue liserée de brunâtre.

L'astrapie est encore très-rare dans les collections, et son prix commercial est de 500 francs. Nous avons déposé au Muséum d'histoire naturelle le bel individu qu'on y remarque, et donné un second individu à la curieuse collection de M. Kéraudren. Nous nous procurâmes ces deux magnifiques dépouilles à la Nouvelle-Guinée, par des échanges avec les Papous, et ce furent les seules que les Français se procurèrent dans les deux voyages de découvertes de *la Coquille* et de *l'Astrolabe.*

Caractères des Sériculés, tirés du Prince-Régent

A. *La Tête et le Bec, de profil.* B. *l'Aile.* C. *Le Tarse.* D. *Une Rectrice isolée.* E. E.''''' *Plumes isolées.*

Publié par Arthus Bertrand

LES SÉRICULES.

(*SERICULUS.*)

Les séricules se rattachent encore aux paradisiers par leur langue ciliée, leur plumage velouté, leurs mandibules dentées, leurs tarses scutellés et robustes, bien qu'on ne remarque plus chez eux ce développement exubérant de certaines plumes pour constituer ces parures diversiformes que présentent les oiseaux de Paradis. Chez les séricules, le bec est plus court que la tête (*voyez Pl.* XXIV); les ailes, à première rémige brève, sont pointues et dépassent le croupion; la queue, légèrement échancrée, est moyenne et formée de douze rectrices droites.

On connaît deux espèces dans ce genre: l'une de la Nouvelle-Guinée, et l'autre du nord de la Nouvelle-Galles du sud. La première, ou le loriot d'or ou loriot de Paradis des anciens auteurs, est apportée en Europe mutilée, de sorte qu'on n'en possède que des peaux séchées sur de petits bâtons, à la manière des autres oiseaux de Paradis; tandis que la seconde, due aux investigations des Anglais établis à la Nouvelle-Hollande, habite les bois clairs de cette partie du monde, en y recherchant pour vivre quelques petits fruits et des insectes.

LE SÉRICULE ORANGÉ.

(*SERICULUS AURANTIACUS.*)

(Le male, *Pl.* XXV; le jeune, *Pl.* XXV *bis*, et la femelle, *Pl.* XXV *ter.*)

Cet oiseau, figuré pour la première fois par Edwards, sous le nom de Paradis doré, a été décrit successivement sous divers noms par les auteurs qui se sont suivis, tant ont varié les idées qu'on s'est faites à son sujet. Ainsi, pour Brisson c'était un troupiale, pour Buffon un rollier, pour Linné et Gmelin un corasias, pour Shaw et Cuvier un paradisier, enfin pour Temminck et Vieillot un loriot.

Cet oiseau, de la taille du loriot d'Europe, a les plumes de la tête veloutées, hérissonnées et très-douces, de manière qu'elles prennent en s'ébouriffant la forme d'une sorte de huppe, teinte de la nuance aurore la plus belle, et qui prend plus d'intensité vers l'occiput. Les plumes du cou en dessus sont aussi plus longues que celles des côtés, et comme leur nature est éminemment soyeuse, et qu'elles sont nombreuses, minces et étroites, elles constituent une sorte de camail de velours retombant sur les ailes et sur les côtés de la poitrine. Le cou et le thorax sont de la même teinte orangée que la tête. La gorge et le dessous des yeux sont d'un noir profond qui descend en formant une pointe sur le devant du cou. Les plumes du croupion, les couvertures supérieures de la queue et celles des ailes sont jaune d'or, tandis que le ventre est d'un jaune jonquille frais. Les premières rémiges sont entièrement noires, les suivantes sont jaunes et noires à leur extrémité, enfin les dernières sont complétement jaunes. Les rectrices sont en dessus noires avec un glacis olivâtre, puis marquées au bout d'une tache jaune terminale qui s'efface sur la partie inférieure.

Les tarses sont brunâtres, et le bec, noir en dessus, est brunâtre à la base de la mandibule inférieure, qui est noire à sa pointe.

Le mâle, dans son jeune âge (*Pl.* XXV *bis*), ressemble à l'adulte ; mais les premières rémiges, ainsi que les secondaires, sont bordées en dedans, depuis le milieu jusqu'à leur pointe, d'un liseré vert olivâtre. Moins âgé, sa livrée est bigarrée des couleurs du mâle et de celles de la femelle. Celle-ci (*Pl.* XXV *ter*) est assez uniformément olivâtre avec la gorge grivelée d'olivâtre sur un

4/5

Le Séricule orangé. Mâle adulte.

Publié par Arthus Bertrand

Prêtre pinx. Lesauvage imp. Schmelz sculp

3/4 g. n.

Le Séricule orangé, Jeune Mâle

Publié par Arthus Bertrand

Prêtre pinx. Lesauvage imp. Duménil sculp.

Le Séricule orangé, Femelle.

Publié par Arthus Bertrand

Prêtre pinx. Lesauvage imp. Heina sculp.

fond brun noirâtre. Le bec et les pieds paraissent être bruns.

Nous nous sommes procuré des dépouilles de cette espèce d'oiseau à la Nouvelle-Guinée et dans l'île de Waigiou.

LE SÉRICULE PRINCE-RÉGENT.

(*SERICULUS REGENS.*)

(Le male, *Pl.* XXVI; la femelle, *Pl.* XXVII.)

Le prince-régent mâle a son plumage nuancé de deux seules couleurs, et par la douceur des plumes veloutées, comme par le brillant du jaune ou du noir qui les teint, cette livrée, si simple en apparence, est une des plus riches et des plus belles qu'on puisse voir. Il vit à la Nouvelle-Hollande dans la partie orientale que les Anglais nomment la Nouvelle-Galles du sud, où, sans être précisément rare, on ne peut se le procurer que très-difficilement. Il paraît se tenir principalement sous les latitudes tropicales à partir de l'établissement de New-Castle. Il est très-recherché et très-estimé par les Anglais, qui l'ont consacré à Williams IV, alors prince-régent de la Grande-Bretagne; car c'est Lewin qui le premier l'a fait connaître en le figurant dans son Fascicule, et lui appliquant la dénomination de *sucrier de King*. Cependant le capitaine King,

Le Sericule Prince-Régent. Mâle adulte.

Publié par Arthus Bertrand

Prêtre pinx. Lesauvage imp. H. Legrand sculp

3/4

Le Séricule prince-régent, Femelle.

Publié par Arthus Bertrand

Prêtre pinx. *Lesauvage imp.* *Boina sculp.*

fils de l'ancien gouverneur de la colonie de Sydney, a réclamé en faveur de son père la consécration de ce nom de King, qui signifie aussi roi. Nous sommes les premiers Français qui ayons apporté dans notre patrie et donné au Muséum des dépouilles de séricules princes-régens, que les amateurs se sont procurées par la voie d'Angleterre.

La taille de l'individu est donc d'environ huit pouces. Les plumes qui recouvrent la tête sont courtes, très-serrées, et d'un toucher très-velouté. Leur coloration est un jaune légèrement mordoré, et cette teinte règne aussi sur le cou, les épaules, autour de l'œil et sur les rémiges secondaires. Les paupières sont noires, ainsi que tout le reste du corps, et ce noir très-lustré offre l'aspect soyeux. Le bec est jaune citron, l'iris est rougeâtre, les pattes noirâtres, et la langue est terminée par un pinceau de papilles nerveuses très-alongées.

L'individu (*Pl.* XXVII) que nous avons décrit dans le voyage de *la Coquille* comme étant du sexe féminin, avait été tué au port Macquarie, et nous avait été remis par M. Fenton, chirurgien anglais de la garnison de Sydney. Cette femelle a presque tous les caractères des séricules mâles, excepté la taille qui est plus forte et la coloration du plumage. Sa livrée en effet est terne et sans coloris. Sa longueur totale , du bout du bec à l'extrémité de la queue, est de dix pouces. Son bec et ses tarses sont brunâtres, l'iris est rougeâtre, et la mandibule inférieure présente à sa pointe une petite échancrure qu'on retrouve à celle de la mandibule supérieure.

L'occiput est recouvert d'une plaque noire. Le front est grisâtre et granulé de brun. Un demi-collier noir occupe le dessous de la gorge et se dessine légèrement sur la nuque. Le dos est entièrement d'un gris brunâtre, plus foncé sur le bord des plumes, dont le centre est blanc, ce qui constitue des sortes de gouttes ou de taches ovalaires nombreuses et émaillées. Au-dessous de la calotte noire on remarque une ou deux plumes jaunes à la base même de l'occiput. La poitrine, le ventre, les couvertures des cuisses, sont d'un blanc grisâtre, et chaque plume est frangée par un rebord brun. La queue est composée de douze pennes presque égales. Les ailes sont d'un jaune blond uniforme, plus foncé en dedans. Le dessus de la queue est d'un blanc légèrement gris. Le seul individu connu a été déposé au Muséum de Paris.

Le séricule prince-régent habite les forêts encore vierges des alentours de New-Castle et du port Macquarie.

DE

LA FAMILLE

DES ÉPIMAQUES.

DE

LA FAMILLE

DES ÉPIMAQUES.

Nous réunissons sous le nom d'*épimaques* une petite tribu d'oiseaux qui nous paraît très-naturelle, et que tous les auteurs indistinctement semblent n'avoir point comprise, car on ne peut se dissimuler les fluctuations sans nombre dont elle a été l'objet. C'est avec les huppes et les promerops que les anciens naturalistes rangeaient la seule espèce connue par eux. Et bien que Levaillant, Cuvier, Vieillot et Temminck aient eu sous les yeux les autres épimaques, on voit ces auteurs les placer loin des oiseaux de Paradis dans les coupes purement artificielles de leurs méthodes. C'est ainsi que Cuvier les maintient dans ses passereaux ténuirostres ou huppes, Vieillot dans ses sylvains épopsides, Temminck dans ses anisodactyles, etc. Nous-même, dans notre Traité d'ornithologie, avons sacrifié aux idées reçues, bien qu'aujourd'hui nous reconnaissions que cette famille des épimaques tient de près à celle des paradisiers, et qu'elle doit être un lien intermédiaire entre les *coraces* et les vrais *méliphagidées*, ou cette famille que nous avons nommée dans notre Manuel *philédonées.* On conçoit en effet qu'un caractère purement artificiel, comme celui du bec, ne doit pas suffire seul pour diriger les vues d'un classificateur, mais qu'il est nécessaire d'adjoindre à cette diagnose ceux naturels, tirés de la forme des ailes et surtout des pates, organes locomoteurs par excellence.

Les épimaques ne diffèrent donc des vrais paradisiers que par un plus grand alongement du bec, qui s'amincit et se recourbe, tout en conservant le type général de cet organe dans la famille des coraces, et comme aux paradisiers les plumes veloutées du front s'avancent sur les narines. Les mandibules sont dentées à leur pointe, et leur commissure ample s'étend jusque sous l'œil. Les pieds sont forts, avec de larges scutelles sur l'acrotarse, et ont un pouce notablement robuste. Les ailes dépassent légèrement le croupion, et leurs premières rémiges sont taillées en lames d'épée, tandis que les suivantes sont larges et obtuses à leur sommet.

Les mâles sont vêtus d'une splendide livrée : celle des femelles est terne, ondée de brunâtre sur un fond roussâtre : les jeunes tiennent à la fois de leurs père et mère.

Leurs mœurs et leurs habitudes sont complétement inconnues. Toutes les espèces, à l'exception du ptiloris paradisier qui habite la Nouvelle-Galles du sud, sont de la Nouvelle-Guinée.

Cette famille ne comprend que quatre genres, qui sont, les *ptiloris*, *épimaque*, *séleucide* ou *falcinelle* et *canéliphage*. Chacun de ces genres ne renferme qu'une espèce.

LES PTILORIS.

(*PTILORIS.*)

Les *ptiloris* ont un bec plus long que la tête, dont l'arête entame les plumes du front, qui sont écailleuses et imbriquées. Leur plumage est velouté, mais sans aucunes parures (1), bien que les plumes des flancs soient lâches. Leur queue est moyenne, presque rectiligne. Les ailes sont concaves, et si les deux premières rémiges sont étroites, les suivantes sont arrondies à leur extrémité.

Le mâle de la seule espèce connue a le plumage velours noir violet, avec des franges ou des plaques métallisées. La femelle est grisâtre et roussâtre, avec des chevrons et des taches brunâtres.

La seule espèce décrite a été rencontrée dans les alentours du port Macquarie à la Nouvelle-Hollande.

(1) Règle générale, les caractères tirés de la livrée appartiennent exclusivement aux mâles.

Caractères des Ptiloris. G.N.

A. Bec vu de profil. B. Tarse isolé. C. C'. C''. &a Plumes isolées.

Publié par Arthus Bertrand

Prêtre pinx. Lesauvage imp. Schmelz sculp.

Le Ptiloris Paradisier, Mâle.

Publié par Arthus Bertrand

Oudart pinx. Lesauvage Imp. Massard sculp.

LE PTILORIS PARADISIER.

(*PTILORIS PARADISEUS.*)

(Le male, *Pl.* XXIX, et la femelle, *Pl.* XXX, au $\frac{3}{4}$ de *G. N.*)

Cette magnifique espèce fut signalée (1825) aux ornithologistes par M. Swainson, sous le nom que nous lui conservons, bien que dès 1824 nous l'ayons décrite sous celui d'*épimaque royal*, car cet oiseau était alors inconnu en France. Plus tard (1831) M. Wilson figura le mâle et la femelle en dédiant l'espèce au général Brisbane, alors gouverneur des établissemens anglais de la Nouvelle-Hollande, actif protecteur des sciences naturelles, et qui nous accueillit nous-mêmes avec un noble désintéressement dans cette partie du monde. Tels sont les détails qui se rattachent à l'histoire de ce magnifique oiseau, encore rare dans les collections, et connu depuis quelques années seulement.

Le ptiloris mâle (*Pl.* XXIX) a de dix à onze

pouces de longueur totale, et le bec entre pour quinze lignes dans cette dimension, en le mesurant depuis les plumes du front jusqu'à la pointe, car il est largement fendu, et sa commissure avance jusque sous les yeux. La couleur du bec, celle des tarses et des ongles, est un noir mat. La queue est élargie, presque rectiligne, et composée de dix rectrices. Les ailes sont moyennes, concaves, la première rémige très-courte, la deuxième plus longue, les cinquième, sixième, septième et huitième presque égales, et les plus longues de toutes.

Le dessus de la tête est revêtu de plumes écailleuses d'un vert bleuâtre d'acier irisé : une cravate triangulaire occupe le devant du cou et de la gorge, en formant un plastron de plumes écailleuses brillantes, et jouissant de tout l'éclat de l'émeraude en prenant sous les rayons lumineux divers reflets chatoyans et métallisés. Ces plumes sont triangulaires, colorées en vert olive mat et comme frangées sur les bords, tandis que leur portion moyenne est à facettes qui resplendissent. Les plumes du dos, des ailes, ont la douceur du velours, et leur couleur noir intense en offre l'aspect et la nature séricéeuse sous un certain jour, tandis que différemment éclairées elles prennent les teintes les plus suaves du velours noir-ponceau, passant au riche violet; des plumes

Le Ptiloris Paradisier, Femelle

Publié par Arthus Bertrand.

Oudart pinx. Lesauvage imp. Migneret sculp.

comme écailleuses recouvrent aussi l'abdomen; elles sont plus fermes que celles du cou et de l'occiput, noires, séricéeuses au centre, et frangées de cuivre de rosette et d'acier chatoyant.

La queue est courte, presque rectiligne, et les rectrices sont d'un vert doré uniforme en dessus. Les tarses sont noirs, garnis de scutelles en avant et d'aréoles réticulées en arrière; les ongles des trois doigts médians sont très-robustes, très-crochus, comprimés sur les côtés et concaves en dessous; celui du pouce est le plus puissant.

Le bec, légèrement fléchi dans sa longueur, est très-comprimé sur ses bords, et la commissure se déjette un peu en se recourbant en dessous; les narines sont percées dans une membrane située sur une fossette que les plumes du front recouvrent en partie; il est complétement noir.

La femelle (*Pl.* XXX) a dix pouces et demi de lougueur totale. La queue entre pour trois pouces et demi dans cette dimension, et dépasse les ailes de 20 lignes.

Les plumes qui recouvrent la tête, depuis le front jusqu'à l'occiput et les joues, sont d'un gris brun, et chaque très-petite plume est rayée en long d'un trait blanc. Un sourcil blanchâtre assez large se dessine derrière les yeux. Les petites plumes du tour des yeux, du rebord de la mandibule inférieure, et celles des jugulaires, sont blanchâtres, teintées de roux vif. Le dos, les couvertures des ailes, le croupion, sont d'un gris olivâtre brun uniforme : les rémiges et les rectrices d'un fauve brunâtre, parfois tirant au blond vif. Le rebord de l'aile est varié de blanc et de brun, ainsi que le dedans; les rémiges en dessous sont brunes près des tiges, et couleur rouille ou d'un blond doré sur leurs bords.

La gorge est blanchâtre, sans tache : le devant du cou, ses côtés, le thorax, et toutes les parties inférieures jusqu'aux plumes tectrices de la queue en dessous, sont d'un gris teint de roux; et sur le milieu se dessine en forme de V, et souvent de fer de lance, un ruban fauve noirâtre. Les plumes du bas-ventre sont seulement rayées en travers de ce même trait noir. Le bec et les pieds sont bruns.

Nous nous procurâmes pour huit dollars un très-bel individu du ptiloris à Sydney dans la Nouvelle-Galles du sud. Il provenait du port Macquarie, et portait dans la colonie le nom vulgaire de *riffleman*, pour rappeler que ce fut un soldat de la garnison qui le tua le premier. Depuis, M. le docteur Busseuil, chirurgien-major de la frégate *la Thétis*, commandée par M. de Bougainville, en donna un deuxième individu au Muséum d'histoire naturelle, dans les galeries duquel on l'a déposé.

Caractères des Epimaques, grandeur naturelle.

Publié par Arthus Bertrand

Oudart pinx. Lesauvage Imp. Massard sculp

LES ÉPIMAQUES.

(*EPIMACHUS.*)

Les épimaques ressemblent aux *ptiloris* par le bec, car cet organe a sa commissure ample, ses fosses nasales en partie recouvertes par les plumes du front, veloutées et disposées en houpettes. Le plumage est de nature soyeuse, et les parures des flancs se composent de plumes alongées, décomposées et filamenteuses à leur extrémité. La queue est moyenne, subrectiligne. Les ailes sont caractéristiques, car les deux premières rémiges sont taillées en lames de canif, et les suivantes sont coupées presque carrément à leur sommet; enfin les tarses sont robustes et analogues à ceux des ptiloris.

Les épimaques ne diffèrent donc des ptiloris que par de légers caractères. Les mâles ont la plus riche parure, les femelles sont d'une teinte cannelle en dessus, grise en dessous, avec des barriolures noires.

La seule espèce connue vit à la Nouvelle-Guinée.

L'ÉPIMAQUE PROMÉFIL.

(*EPIMACHUS MAGNIFICUS.*)

(Le male adulte, *Pl.* XXXII; le jeune, *Pl.* XXXIII; la femelle, *Pl.* XXXIV, au $\frac{3}{4}$ *G. N.*)

La figure que Levaillant a le premier donnée de ce magnifique et somptueux épimaque était mutilée, et personne n'avait encore signalé à notre connaissance, et avant nous, un promérfil complétement intact.

L'épimaque promérfil mâle (*Pl.* XXXII) a près de treize pouces de longueur totale. Son bec a deux pouces. Les ailes dépassent un peu la queue, qui est médiocre et rectiligne. Le bec et les tarses sont noirs. Les mandibules du premier sont robustes, à narines vêtues de plumes soyeuses dans toute l'étendue de la fosse nasale et dans l'intervalle des branches de la mandibule inférieure; leurs bords sont coupans et entiers, excepté à la pointe recourbée et crochue de la supérieure, où se dessine une forte dent.

L'Epimaque Promefil, Mâle adulte.

Publié par Arthus Bertrand.

Oudart pinx. Lesauvage Imp. Massard sculp.

Le plumage d'un noir velours, à nuance pourpre sous certains reflets, est d'une exquise douceur au toucher. Le devant du cou est couvert par un long plastron d'écailles imbriquées, gaufrées, et d'un vert bleu très-métallisé; une bordure noire encadre la partie inférieure de ce plastron, et une bordure d'or vert en fixe la limite sur le thorax. Le ventre est noir, à teinte pourpre des plus vives; sur chaque flanc sont implantées de longues plumes décomposées, poilues, molles, qui retombent d'une manière gracieuse en parures capillacées.

La queue est courte, composée de rectrices dures, très-raides, et coupées carrément à leur sommet comme avec des ciseaux. Ces rectrices sont droites, d'un noir velouté partout, excepté les deux moyennes, qui sont vert sablé d'or et splendides.

Les ailes sont la partie la plus remarquable de l'organisation de l'épimaque proméfil; elles sont puissantes, plus longues que la queue, composées de rectrices rigides, à tiges solides. Quant à leur coloration, elle est entièrement noire; et quant à leur forme, elle présente les particularités suivantes (*Pl.* XXXI). La première rémige (A) est courte, pointue, taillée en lame de sabre; la seconde (B), plus large et plus longue que la première, est aussi taillée en glaive; la troisième (C), plus courte que la deuxième, est tronquée carrément; les quatrième, cinquième et sixième (D), sont égales, à barbes étroites sur le bord externe, très-larges sur le bord interne, et carrément tronquées à leur sommet.

L'individu entier de cette espèce de somptueux oiseau nous a été communiqué par M. Florent Prévost. Jusqu'à ce jour on n'avait reçu l'épimaque promefil dans les collections que mutilé, c'est-à-dire sans pieds et sans ailes; nous aurons eu l'avantage de le faire connaître complétement comme espèce, puisque nous l'avons figuré adulte, jeune âge et femelle.

L'épimaque promefil est encore très-rare dans les cabinets. L'individu des galeries du Muséum a été acheté à Londres à la vente de la collection Bullock. Lors de notre séjour à la Nouvelle-Guinée, sur la corvette *la Coquille*, nous en obtînmes deux peaux mutilées par les Papous, suivant leurs procédés de conservation, et traversées par un bâtonnet; et enfin M. Dumont-D'Urville, commandant l'expédition de *l'Astrolabe*, qui a aussi séjourné à la Nouvelle-Guinée, sur le même point que nous, en a rapporté une peau privée de ses pieds et de ses ailes, telles que les préparent les naturels.

Telles ont été jusqu'à ce jour les seules données possédées par les naturalistes sur ces oiseaux si

L'Epimaque Promefil, Jeune mâle.

Publié par Arthus Bertrand

Oudart pinx. Lesauvage Imp. Massard sculp.

richement vêtus. Quelques dépouilles mutilées, séchées à la fumée sur des bâtons et préparées par des peuples sauvages et barbares, étaient tout ce que nous en connaissions il y a encore quelques jours, et leur organisation extérieure va au moins être éclaircie par la description que nous allons donner de la femelle; mais il nous restera encore à savoir quelles sont les mœurs et les habitudes qui les distinguent; quel est leur genre de vie, leur manière d'élever leurs petits; en un mot, nous posséderons une description minutieuse des formes extérieures, mais rien de ce qui peut en rendre l'histoire attrayante.

C'est dans les immenses et profondes forêts qui enceignent le havre de Doréy à la Nouvelle-Guinée, que vit la femelle du proméfil; elle échappa à nos recherches pendant notre séjour sur ce point des îles de l'Asie : elle ne s'offrit point également aux investigations pleines de persévérance de MM. Quoy et Gaimard.

L'épimaque promefil femelle (*Pl.* XXXIV) a onze pouces six lignes de longueur totale. Dans ces dimensions, le bec entre pour deux pouces depuis la commissure jusqu'à la pointe, et la queue pour trois pouces et demi. Les tarses de l'articulation à la naissance des doigts ont quinze lignes, et le pouce, y compris l'ongle, a près de quinze lignes de longueur, ainsi que le doigt antérieur médius.

Les deux latéraux, à peu près égaux, sont un peu plus courts que celui du milieu.

Le bec fort, plus haut que large, est recourbé dans sa longueur, lisse et comprimé sur les côtés. La commissure est placée presque immédiatement sous l'œil. L'arête du bec entame assez profondément les plumes du front, et les fosses nasales, recouvertes par une membrane et placées dans un sillon latéral, sont revêtues de plumes courtes et séricéeuses. Les ailes sont concaves, à rémiges légèrement étagées, la première la plus courte, la seconde un peu plus longue, la troisième un peu moins longue que les quatrième et cinquième; les autres diminuent successivement; elles s'étendent au milieu de la queue à peu près; celle-ci est composée de dix rectrices égales, qui s'arrondissent à leur extrémité. Les tarses sont robustes, garnis de scutelles larges en devant et sur les doigts. Le pouce est beaucoup plus robuste que les autres doigts; il en est de même de l'ongle, qui, ainsi que ceux des doigts antérieurs, est très-comprimé, très-recourbé, crochu et aplati en dessous.

Le bec est rougeâtre, les tarses sont d'un noir intense, et les ongles cornés; les plumes du front sont courtes et de nature soyeuse; toutes les plumes du corps sont molles, douces au toucher; leur teinte sur le cou, le dos, le croupion, est

L'Epimaque Promefil, Femelle.

Publié par Arthus Bertrand.

Oudart pinx. Lesauvage imp. Migneret sculp.

d'un roux blond cannelle d'une seule nuance. Les ailes, y compris les rémiges, la queue, sont en entier du même roux blond cannelle frais et sans mélange.

Une sorte de sourcil, varié de blanc et de gris, surmonte l'œil, et tout le dessous du corps, depuis la gorge jusqu'aux couvertures inférieures de la queue, sur les flancs comme en dedans sur le rebord des ailes, est à fond blanc, d'abord finement strié, striures qui, sur le devant du cou, se changent en raies brunes émaillant toutes les parties inférieures.

Nous sommes redevables du seul individu que l'on connaisse en Europe à M. Adolphe Lesson, chirurgien de deuxième classe de la marine, embarqué comme botaniste sur la corvette *l'Astrolabe*, qui se le procura à la Nouvelle-Guinée.

Il nous reste maintenant à décrire le mâle dans son jeune âge (*Pl.* XXXIII). D'après un individu que nous devons à l'extrême obligeance de M. Florent Prévost, ce jeune âge est à nos yeux une des particularités les plus neuves en ornithologie; il établit, par l'état de son plumage, le passage graduel du mâle et de la femelle, et prouve par le changement que subit le plastron métallisé du devant du cou, l'analogie qui existe entre les épimaques, les colibris et les souï-mangas.

L'individu que nous avons figuré était mutilé suivant le procédé des Papous, qui l'avaient enfilé dans un bâtonnet, après lui avoir arraché les tarses et les rémiges ; mais sa queue et son bec étaient dans un état parfait d'intégrité.

Il a de longueur totale dix pouces moins deux ou trois lignes, et sur ces dimensions le bec entre pour deux pouces et la queue pour trois pouces huit lignes ; le bec est entièrement noir ; toute la tête est revêtue de plumes écailleuses d'un vert émeraude, à reflets chatoyans, et parfois à teintes d'acier ou de velours noir, lorsqu'elles ne sont point éclairées par les rayons lumineux lancés d'aplomb. Le large plastron, qui occupe toute la partie antérieure du cou, et qui, dans le mâle, possède un aussi splendide éclat, s'étend dans le jeune âge que nous décrivons, sur les côtés du cou et jusqu'au bas de la poitrine. Les plumes qui le composent sont à moitié écailleuses et à moitié soyeuses : elles sont en grande partie d'un gris vermiculé de noir, tandis que sur les côtés et en bas se dessinent des écailles d'un vert émeraude chatoyant en bleu ou en acier poli, qui annoncent le commencement de la métamorphose que ces plumes doivent subir, et le début de la formation, brillante et somptueuse qui leur est propre dans l'âge adulte.

Toutes les plumes des parties supérieures ont la douceur et la nuance du plus beau velours noir, seulement des plumes d'un roux blond cannelle dessinent des courbes sur les épaules et sur le dos, et attestent que leur couleur, dans la première année, est tout-à-fait celle que montre la femelle. Une plus grande analogie encore se tire de la queue, dont les rectrices sont d'un roux cannelle fort vif, excepté les plus externes, qui présentent sur leurs barbes intérieures une teinte noire séricéeuse que l'âge doit concourir à foncer et à étendre aux autres rectrices. Comme chez le mâle, complétement adulte, les parties inférieures sont très-fournies en plumes longues, mollettes, effilées, d'un noir velouté, richement teint de pourpre, à reflets d'un beau violet, et qui s'allongent sur les flancs en se décomposant, pour donner naissance à ces brins déliés et délicats qui se prolongent sur les côtés du corps et de la queue. Ces plumes des flancs se trouvent composées d'un long brin arrondi, filiforme, sur lequel naissent d'autres brins plus déliés et arrondis, et dont la réunion compose des parures aussi élégantes que gracieuses, qu'on ne voit point sur le ptiloris.

Les épimaques mâles ont d'éclatantes parures, et les femelles un plumage généralement roux et terne ; autre analogie, assez remarquable entre ces oiseaux, les colibris et les souï-mangas.

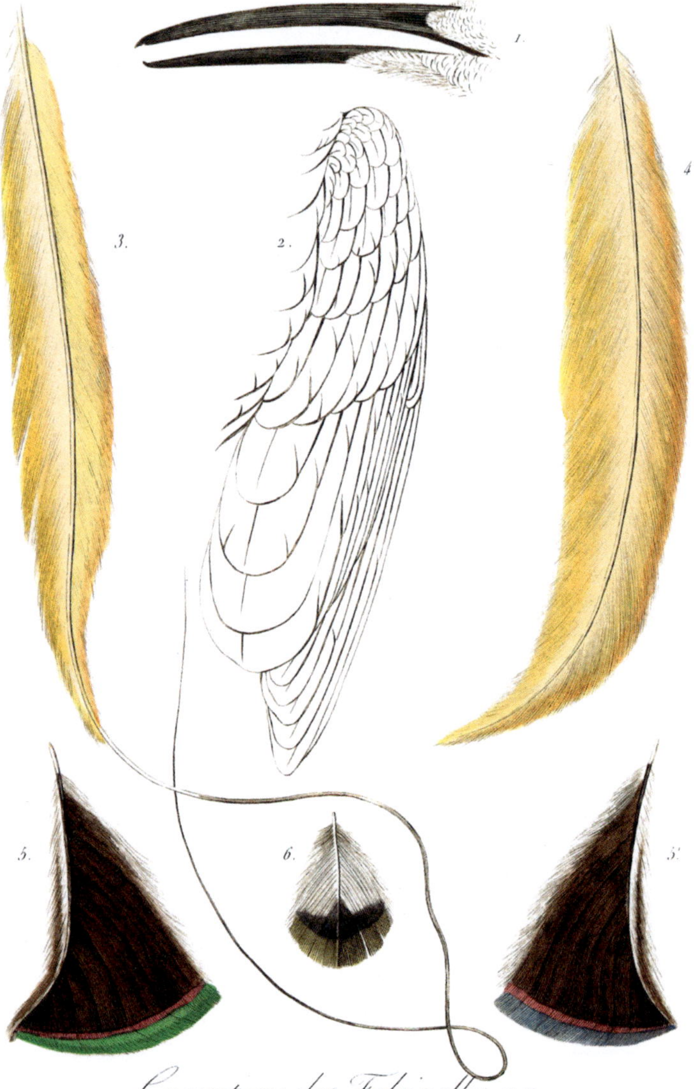

Caracteres des Falcinelles, G.N.

1. Le Bec vu de profil. 2. Aile et forme des Rémiges. 3. Plume des flancs terminée par une soie.
4. La même, sans brin. 5. 5' Parures thoraciques latérales. 6 Plume de la Gorge isolée.

Publié par Arthus Bertrand

Prêtre pinx. Lesauvage imp. Schmelz sculp.

LES FALCINELLES OU SÉLEUCIDES.

(*SELEUCIDES.*)

Les falcinelles se distinguent des ptiloris et des épimaques, parce qu'ils n'ont point de plumes écailleuses ni sur la tête ni sur le cou. Leur bec est aussi plus droit, bien qu'il ne diffère en rien d'essentiel. Les plumes des flancs, chez les mâles, s'allongent beaucoup, sont très-touffues, très-lâches, et terminées par des brins criniformes, caduques, et en nombre très-irrégulier, parfois considérable, le plus souvent restreint.

Tous les auteurs se sont accordés à ne donner que douze filets aux parures des flancs; mais ce nombre est très-variable, car nous avons vu des individus qui en avaient une vingtaine, tandis qu'un magnifique échantillon, acheté à Londres par M. Guy, en possédait au moins une centaine. Ces brins, qui ressemblent à des crins entortillés, sont en effet très-caducs, et doivent se briser à mesure que l'oiseau acquiert de l'âge, car ils ne sont que le prolongement du rachis des plumes costales amplement développées.

La femelle du multifil est inconnue. On n'a point encore possédé de dépouilles de mâles complétement intacte, et l'on ignore les mœurs et les habitudes de ce magnifique oiseau. On sait seulement qu'il vit à la Nouvelle-Guinée.

La Falcinelle multifil. Mâle adulte, vu en dessus.

Publié par Arthus Bertrand

Prêtre pinx. Lesauvage imp. Schmelz sculp.

1/2

La Falcinelle multifil. Mâle adulte, vu par devant.

Publié par Arthus Bertrand

Prêtre pinx. Lesauvage imp. Schmelz sculp.

LA FALCINELLE MULTIFIL.

(*SELEUCIDES ACANTHILIS.*)

(Le male, *Pl.* XXXVI, vu en dessus et *Pl.* XXXVII, vu en dessous, le jeune male, *Pl.* XXXVIII, au $\frac{3}{4}$ *G. N.*)

Ce magnifique oiseau (*Pl.* XXXVI et XXXVII) a dix pouces de longueur totale, le bec et les pieds noirs; les plumes veloutées du front s'avancent jusque sous les narines; la queue courte, presque rectiligne, a ses rectrices raides, d'un violet noir, avec quelques ondes transversales brunâtres. La tête, le cou, le manteau et la poitrine sont d'un noir velouté des plus riches, avec des teintes brillantes purpurines et violettes, qui étincellent suivant la direction des rayons lumineux. Les plumes du bas du thorax prennent de l'ampleur, s'élargissent et dessinent une sorte de camail ample. Elles sont délicatement frangées d'émeraude sur leur pourtour. Le bas du dos, le croupion, le ventre et les couvertures des jambes et de la queue sont d'un blanc neigeux. On remarque quelques plumes sur les côtés, ayant une teinte verte, avec des reflets bleu d'acier bruni. Les plumes des flancs, ou subalaires, sont assez semblables à celles des paradisiers émeraudes; elles sont élargies, décomposées, à barbes flottantes d'un jaune tendre ou parfois orangé, qui s'efface aisément, et auquel succède un blanc mat. Ces plumes ont toutes un rachis un peu raide, terminé chez les plus fortes et les plus proches des ailes, par des brins en forme de crins, longs de huit à dix pouces, entièrement nus et flexueux. Les couvertures de la queue, en dessus comme en dessous, sont d'un beau noir brillant.

Le jeune mâle (*Pl.* XXXVIII) a en partie la livrée de l'adulte et en partie celle de la femelle, bien que celle-ci soit encore inconnue. La tête et le cou ont des reflets moins brillans. Le ventre est jaunâtre très-clair, avec des rayons bruns sur chaque plume. Les parures des flancs molles et flexueuses, sans brins criniformes, sont jaunes, avec des rayures transversales brunâtres sur les plus externes. La queue et les grandes couvertures des ailes sont d'un brun cannelle. Chez quelques individus, les filets commencent à poindre à l'extrémité des plumes subalaires.

Les dépouilles de la falcinelle multifil proviennent de la Nouvelle-Guinée.

La Falcinelle Multifil, Jeune Mâle.

Publié par Arthus Bertrand

Oudart pinx. Lesauvage imp. Mlle Massard sculp.

LES CANÉLIPHAGES.

(*CINNAMOLEGUS.*)

Les canéliphages conduisent des épimaques aux véritables sucriers par l'intermédiaire du *philedon moho* et du promerops du Cap, le *merops cafer* et *l'upupa promerops* du *systema naturæ*. Leur bec recourbé est beaucoup plus long que la tête, comprimé sur les côtés, denté à la pointe des deux mandibules, qui sont inégales, la supérieure dépassant l'inférieure. Les narines sont latérales, basales, et revêtues par les plumes veloutées du front, bien que celles qui couvrent le crâne soient écailleuses, celles du menton sont piliformes. Les plumes des flancs ont les barbes externes bien plus longues que les internes, et se trouvent recourbées et élargies à leur sommet; toutes sont amples, alongées, et forment deux larges parures sur les côtés, surmontées par deux touffes épaisses de plumes longues, décomposées, droites et pointues. La queue est énormément longue, de manière que les rectrices, toutes taillées en lames d'épée, se trouvent être les deux moyennes plus longues, les latérales plus courtes, et successivement très-étagées, car les deux plus externes ont à peine six pouces de longueur, suivant les individus.

Les femelles possèdent une livrée terne émaillée de barriolures brunâtres. Les jeunes mâles tiennent des adultes et de leurs mères.

Les habitudes et les mœurs des canéliphages sont entièrement ignorées. La seule espèce connue vit à la Nouvelle-Guinée. Pline donnait le nom de *cinnamolegus* à un oiseau asiatique d'espèce indéterminée.

Le Canéliphage papou. Mâle

A Plume isolée, de G. N. des couvertures supérieures.

Publié par Arthus Bertrand

Prêtre pinx. Lasarcouge imp. Duménil sculp.

LE CANÉLIPHAGE PAPOU.

(*CINNAMOLEGUS PAPUANUS.*)

(Le male, *Pl.* XXXIX ; la femelle, *Pl.* XL.)

Lorsque cet oiseau est bien adulte et du sexe mâle (*Pl.* XXXIX), il a jusqu'à trois pieds et demi de longueur, et dans ces dimensions le corps n'entre guères que pour huit à neuf pouces. Son bec, long de trois pouces deux à quatre lignes, est fortement recourbé, de couleur noire, ainsi que les tarses. L'iris est, dit-on, d'un jaune noirâtre. La tête est revêtue de plumes imbriquées, de forme écailleuse, et qui ne dépassent pas l'occiput; elles sont d'un vert glauque métallisé. Sous le menton, des plumes soyeuses s'avancent jusqu'entre les branches de la mandibule inférieure, et sont teintes en cuivre rouge à reflets d'iode. Le corps est abondamment fourni de plumes lâches, brunâtres, avec des reflets luisans, dorés et violâtres. Celles du dos sont d'un vert brillant, ainsi que le haut de l'abdomen et la poitrine. Les ailes sont noir violâtre. La queue est formée de douze rectrices très-étagées; les deux moyennes sont les plus longues, les deux externes les plus courtes. Elles sont uniformes, à pointe mousse à leur sommet, à rachis dur et droit, d'un brun teint de vert emeraude en dessus, et uniformément marron brun ou chocolat foncé en dessous. Les dimensions de ces rectrices varient beaucoup, et c'est ainsi que les moyennes ont depuis deux pieds jusqu'à trois, et les externes depuis six pouces jusqu'à deux. Les plumes uropygiales, étendues en couverture supérieure sur la queue, sont longues, décomposées et d'un beau noir.

Ce qui distingue surtout le canéliphage papou sont, sur les côtés et recouvrant les ailes, deux sortes de plumes formant double parure sur chacun des flancs. Le premier faisceau est composé de plumes thoraciques abondantes, épaisses, s'alongeant graduellement au fur et à mesure qu'elles s'implantent en arrière du thorax et proche les épaules. Toutes ces plumes sont molles, flexueuses et peintes d'une certaine façon. Les huit à dix premières sont en entier d'un noir velouté. Celles qui suivent ont à leur sommet une raie azur relevée par une frange d'un vert émeraude des plus purs; puis les postérieures se trouvent être largement bordées d'un bleu céleste des plus luisans, tandis que les dernières et les

Le Canéliphage papou, Femelle.

Publié par Arthus Bertrand.

Prêtre pinx. Lesauvage imp. Duménil sculp.

plus larges sont d'un noir uniforme et velouté. Ces parures ont cela de particulier, que la texture de la plume présente des barbes très-longues sur le bord extérieur du rachis, puis des barbes très-courtes sur le côté opposé. Il en résulte que l'extrémité est contournée presque en demi-cercle par une inversion dans l'alongement des barbes qui la garnissent, et qu'il semble qu'elle soit taillée artificiellement.

Derrière ce large faisceau marginal, si abondamment fourni, et s'élevant sur le côté de l'oiseau avec tant de grâce, est placé un second faisceau composé de plumes à teinte sombre, qui toutes ont des barbes lâches, décomposées, à barbules finement barbulées elles-mêmes, de sorte que la plume a une forme pointue, alongée et droite.

La femelle (*Pl.* XL), de moitié plus petite que le mâle, a la queue fortement étagée, mais sans aucune parure des flancs. La tête et le cou, de même que le dos, les couvertures des scapulaires, sont d'une teinte rousse-cannelle, tirant au brun sur le crâne, et passant au noir en devant du cou. Les rectrices elles-mêmes sont chocolat clair; le bec et les pieds brunâtres. Le dessous du corps est de couleur de suie avec des rayures squammuleuses blanches.

Les mâles, dans leur jeune âge, ressemblent

aux femelles par la plus grande partie de leurs traits; mais déjà les plumes écailleuses et métallisées se dessinent sur la tête et apparaissent dès la seconde année.

Sonnerat (1), qui le premier fit connaître le canéliphage papou sous le nom de *grand promerops de la Nouvelle-Guinée*, a figuré une variété de femelle, ou un jeune, sous le nom de *promerops brun.* Voici textuellement ce qu'il en dit : Cet oiseau a vingt-deux pouces de l'extrémité du bec à celle de la queue. Le bec est noir, luisant, étroit, arrondi et fort arqué. Il a deux pouces et demi de long. La queue a treize pouces de son origine à son extrémité. Elle est composée de douze plumes, dont les deux du milieu, qui recouvrent les autres quand la queue est relevée, sont les plus longues. Chaque paire de rectrices latérales va toujours en diminuant, et la plus extérieure a au plus quatre pouces de long. Le sommet de la tête et les côtés sont couleur d'acier poli. Le col et la gorge sont d'un beau noir, ou bruns. Le col en arrière, le dos, les ailes, les plumes scapulaires, le dessus de la queue, sont bruns. Le col , les ailes et le dos sont lavés de vert-brun. Le ventre est rayé transversalement de noir et de blanc. Les plumes sont grisâtres

(1) Voyage à la Nouvelle-Guinée, p. 164 et suiv.

à leur origine : elles deviennent ensuite noires, et sont coupées par une raie blanche, ensuite par une noire , et terminées par une blanche. Les pieds et l'iris sont noirs.

Labillardière dit avoir rencontré le canéliphage papou dans l'île de Waigiou. Nous nous en sommes procuré des dépouilles à la Nouvelle-Guinée.

FIN.

INDEX SYNONYMIQUE.

INDEX SYNONYMIQUE.

M.

O.

Oiseau de Paradis vert. Ce n'est pas un oiseau de Paradis, mais bien un cassican pour quelques auteurs, et pour nous un Phonygame ou Chalybée.

Oiseau de Paradis à queue fourchue. Synonyme de la Lophorine, bien que Latham et Daudin en aient fait une espèce. Il se pourrait que l'individu observé par Latham eût été composé d'un corps de lophorine et d'une queue de drongo, avec des touffes d'un troisième oiseau.

Oiseau de Paradis blanc. Espèce décrite par Valentyn comme ayant le plumage entièrement blanc et dite très-rare. C'est le *Paradisea alba* de Linné et de Latham, le *Paradisea candida* de Daudin, que nul auteur moderne n'a revu.

Oiseau de Paradis noir et blanc. Valentyn distingue cet oiseau du précédent, et dit qu'il vit plus particulièrement à Waigiou. C'est le *Paradisea melanoleuca* de Daudin.

Oiseau de Paradis à pendeloques. Cette espèce, des plus rares, dont on ne connaît qu'un individu, n'est pas aussi grosse que le Sifilet. Son plumage est noir, le dessus de la tête excepté, qui est vert émeraude. Sa queue est composée de douze rectrices, régulièrement étagées. Les plumes des flancs sont molles, abondantes et lâches comme celles des Sifilets. Une sorte de crête surmonte le devant du front, et deux pendeloques charnues s'attachent aux côtés de la mandibule inférieure. On pourrait la nommer *Paradigalla carunculata.*

P.

Paradisea superba, voyez Lophorine.

Paradisea sexsetacea, voyez Sifilet.

Paradisea viridis, n'est pas un Oiseau de paradis, mais un Phonygame ou Chalybée.

Paradisea chalybea. Le même, d'après Latham et Daudin, que le Chalybée.

Paradisea minor, nom spécifique du Paradisier petit émeraude.

Paradisea apoda, synonyme des deux Paradisiers émeraudes, le grand et le petit, dans les anciens auteurs.

Paradisea major, nom spécifique du grand émeraude.

Paradisea rubra, nom spécifique du Paradisier rouge.

Paradisea aurea, nom spécifique du Sifilet.

Paradisea cirrhata, nom spécifique d'un oiseau fabriqué.

Paradisea nigra, voyez Lophorine et Astrapie.

Paradisea regia, voyez Manucode.

Paradisea magnifica, voyez Difillode.

Paradisea gularis, voyez Astrapie.

Paradisea leucoptera, voyez Astrapie.

Paradisea alba, *nigricans*, voyez Falcinelle multifil.

Promerops brun à ventre rayé, est la femelle du Canéliphage papou, ou *Upupa papuensis* de Latham.

Promerops (grand) *à paremens frisés*, est le mâle du Canéliphage papou.

R.

Riflemann, nom vulgaire donné par les colonistes anglais du port Jackson au Ptiloris paradisier.

S.

Saya, nom papou du Manucode.
Shag-awa, nom papou de la Lophorine.
Soffou-Kakatou, nom usité à Ternate et à Tidor pour désigner la Lophorine.
Sopcloo, nom donné par Forster comme servant à désigner le Manucode à Amboine et à Banda.
Superbe, nom spécifique de la Lophorine.

U.

Upupa superba, synonyme, dans Latham, du Canéliphage papou.
Upupa fusca, Linné; femelle du Canéliphage papou.
Upupa papuensis, Latham; femelle du Canéliphage papou.
Upupa magna, Linné; le Canéliphage papou mâle.
Upupa superba, Latham, le même que le précédent.
Upupa regia, Voigt, est le Ptiloris paradisier.

V.

Velvet bird, nom anglais du Ptiloris paradisier.

TABLE DES PLANCHES.

FIN DE LA TABLE DES PLANCHES.

TABLE DES MATIÈRES.

FIN DE LA TABLE DES MATIÈRES.

Printed in Dunstable, United Kingdom

91222222R00214